"十三五"高等学校规划教材

网页设计与制作

（HTML5+CSS3）

矫桂娥　主　编

余　莉　李玮莹　石　潇　张贝贝　副主编

中国铁道出版社有限公司
CHINA RAILWAY PUBLISHING HOUSE CO., LTD.

内 容 简 介

本书采用任务驱动式的编写思路，将知识点集成于一个网站案例，分别在 5 个单元内进行讲解：网页设计工具、网页元素、网页布局、网页特效及网站整合与发布，共 20 个任务。每个任务包括学习目标、学习重点与难点、效果展示、任务准备、任务实现、同步训练、知识拓展和课后习题。附录中介绍如何提高网站的品质以及兼容性解决方案。

本书知识全面，结构合理，通俗易懂，实践性强，适合作为应用型本科数字媒体类专业、计算机类专业、商务类专业的教材，还可作为想了解 HTML5+CSS3 的网页设计专业人员的参考用书。

图书在版编目（CIP）数据

网页设计与制作：HTML5+CSS3/矫桂娥主编. —北京：
中国铁道出版社，2017. 10 (2020.9重印)
"十三五"高等学校规划教材
ISBN 978-7-113-23798-1

Ⅰ.①网… Ⅱ.①矫… Ⅲ.①网页制作工具-高等
学校-教材 Ⅳ.①TP393. 092.2

中国版本图书馆 CIP 数据核字 (2017) 第 235874 号

书　　名：**网页设计与制作（HTML5+CSS3）**
作　者：矫桂娥

策　　划：秦绪好　王春霞	编辑部电话：(010) 63551006
责任编辑：王春霞　冯彩茹	
封面设计：付　巍	
封面制作：刘　颖	
责任校对：张玉华	
责任印制：樊启鹏	

出版发行：中国铁道出版社有限公司 (100054，北京市西城区右安门西街 8 号)
网　　址：http://www.tdpress.com/51eds/
印　　刷：三河市宏盛印务有限公司
版　　次：2017 年 10 月第 1 版　2020 年 9 月第 3 次印刷
开　　本：787 mm×1 092 mm　1/16　印张：14　字数：337 千
书　　号：ISBN 978-7-113-23798-1
定　　价：35.00 元

随着移动互联网、HTML5 技术的发展，Internet 让人们的世界越来越小，而网站是这个世界的主要载体。网站的构建技术统称为 Web 技术，分为 Web 前端和 Web 后台开发，本书讲解的内容属于 Web 前端开发。Web 前端开发是一个庞大的技术体系，其中网页设计与制作是技术体系的核心，主要涉及的技术包括 HTML5 标记语言、CSS3 表现样式、交互行为（JavaScript）。

本书结合编者多年网页设计、Web 技术开发的教学经验，强调实践和理论相结合，从 Web 前端技术开发的角度，将所涉及的知识单元化，其结构如下所示。

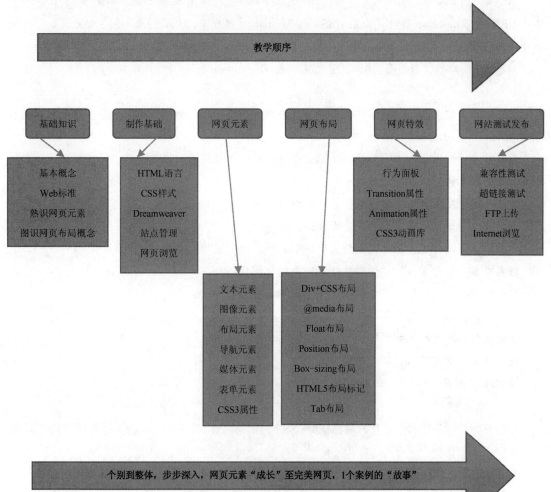

全书共分 5 个单元：

单元 1　网页设计工具。本单元主要介绍标记语言 HTML5 的基本结构与语法，HTML 标记的发展史，HTML5 的优点以及新增的标记；层叠样式表 CSS3 的样式定义及使用 CSS 的发展史，CSS3 新增的属性；可视化制作工具 Dreamweaver 的工作环境及在浏览器中浏览网页。

单元 2 网页元素。本单元主要介绍各种网页元素的创建及美化，主要包括普通文本、超链接文本及页面之间的链接方式、特效文字、图像元素、背景图像、图像特效、布局元素（Div、Table）、导航元素、媒体元素（Video、Audio）、表单元素等。关于美化，主要介绍了 CSS 样式文件、长度单位、伪类选择符、优先级、盒子模型、浏览器私有属性前缀等相关知识点。

单元 3 网页布局。本单元主要介绍网页的各种布局技术：Div+CSS 技术、基于@media 属性的自适应显示技术、基于 CSS 的 Float 或 Position 多列布局技术、Box-sizing 属性、Column-count 属性、HTML5 新增的布局标记、Spry 构件实现 Tab 布局等。还介绍了网页模板的概念以及如何基于网页模板创建网页。

单元 4 网页特效。本单元主要介绍如何创建网页特效，包括使用 Dreamweaver 的行为面板、使用 CSS3 的 Transition 属性、使用 CSS3 的 Animation 属性等，还介绍了 CSS3 动画库、Canvas 创建动画的基础知识。

单元 5 网站整合与发布。本单元主要介绍在 Dreamweaver 中实现站点文件的测试、通过 FTP 上传站点文件。

另外，本书的附录还介绍了如何更好地提高网站品质，以及如何解决浏览器差异导致的兼容性问题。

每个任务的编写分为学习目标、学习重点与难点、效果展示、任务准备、任务实现、同步训练、知识拓展和课后练习等环节。

学习目标： 完成任务需掌握和了解的知识点。

学习重点与难点： 任务学习的重点和难点的描述。

效果展示： 实施之前即可得知任务的效果，提高学习兴趣。

任务准备： 结合实践，详细讲解任务所需的知识点。

任务实现： 综合应用所准备的知识，提高实践能力。

同步训练： 知识点的巩固和消化。

知识拓展： 相关知识的扩展，增加知识范围，提高应用技巧。

课后练习： 巩固所有知识，为后续学习储备知识。

本书特点如下：

1. 知识全面

全面介绍网页前端制作涉及的 HTML5+CSS3 的相关内容，提供了网页制作的各种相关知识点。

2. "一个" 案例

从一个基本的网页文本元素的制作和美化、网页布局、网页特效，直至最后的网页发布，一个案例贯穿始终。

3. 详略得当

根据任务实现的需要，用平实的语言详细讲解所需的相关知识点，并不是 "面面俱到"，便于更快地实现任务。

4. 图文并茂

知识点的讲解、任务实现的步骤等，关键的地方都配有插图辅助说明，清晰、直观，便于理解和掌握。

5. 循序渐进

基于网页设计的知识点，从认知规律的角度，教学内容的安排从网页制作的基础知识开始，依次介绍网页的基本工具、网页的基本元素制作、网页的布局（基本元素的整合）、网页特效，最后是网页的测试及发布。

本书配套提供的资源包括案例所用到的文本素材、图像素材、HTML 文件以及每个案例的结果文件，需要的读者可从网址 www.tdpress.com/5leds/下载。

本书由矫桂娥主编，负责全书的总体设计和统稿；余莉、李玮莹、石潇、张贝贝任副主编，参与了网页案例设计和部分编写工作。具体分工如下：张贝贝设计网页效果图，石潇制作网站案例，余莉和矫桂娥编写案例的制作过程，李玮莹和矫桂娥编写理论知识点。在本书的编写过程中，得到了上海建桥学院相关部门和老师的指导和帮助，在此表示衷心的感谢。另外，中国铁道出版社的编辑也对本书的出版提供了帮助，在此一并表示衷心的感谢。

编者水平所限，加之时间仓促，书中难免存在疏漏或不足之处，敬请读者批评指正。

编　者

2017 年 7 月

前言

CONTENTS

目　录

单元 0

➡ 绪 论

在开始学习制作网页之前，先来了解一些和网页制作相关的基础理论知识，为后续学习打下基础，对于没有基础知识的读者，希望能够在充分理解基本知识的基础上，顺利地开启学习网页制作之路。

【学习目标】

- 了解网站开发的基本流程。
- 熟悉网页中包含哪些网页元素。
- 熟悉常见的网页布局设计。
- 理解 Web 标准。
- 掌握网页设计相关的基本概念。

【学习重点与难点】

- 重点：静态网页、动态网页、Web 服务器。
- 难点：Web 标准。

1. 基本概念

在进行网页设计与制作之前，需要了解一些基本概念，为后续学习奠定一定的基础。

1）万维网

WWW（World Wide Web）亦作 Web、WWW、W3，中文名字为万维网、环球网等，常简称 Web。分为 Web 客户端和 Web 服务器程序。 WWW 可以让 Web 客户端（常用浏览器）访问浏览 Web 服务器上的页面，是一个由许多互相链接的超文本组成的系统。在这个系统中，每个有用的事物，称为"资源"；并且由一个全局"统一资源标识符"（URI）标识；这些资源通过超文本传输协议（HyperText Transfer Protocol，HTTP）传送给用户，而后者通过单击链接来获得资源。

2）W3C

W3C（World Wide Web Consortium，万维网联盟）创建于 1994 年，是 Web 技术领域最具权威和影响力的国际中立性技术标准机构。到目前为止，W3C 已发布了 200 多项影响深远的 Web 技术标准及实施指南，如广为业界采用的超文本标记语言（标准通用标记语言下的一个应用）、可扩展标记语言（标准通用标记语言下的一个子集）以及帮助残障人士有效获得 Web 内容的信息无障碍指南（WCAG）等，有效促进了 Web 技术的互相兼容，对互联网技术的发展和应用起到了基础性和根本性的支撑作用。

3）网页

网页（Webpage）是构成网站的基本元素，是承载各种网站应用的平台。通俗地说，网站就是由网页组成的，如果只有域名和虚拟主机而没有任何网页，客户端是访问不到任何内容的。

网页是一个包含 HTML 标记的纯文本文件，可以存放在世界某个角落的某一台计算机中，是万维网中的一"页"，使用超文本标记语言创建，由浏览器解释执行。

4）网站

网站（Website）是指在因特网上根据一定的规则，使用 HTML 等工具制作的用于展示特定内容相关网页的集合。简单地说，网站是一种沟通工具，人们可以通过网站来发布自己想要公开的资讯，或者利用网站来提供相关的网络服务。

5）UI

UI（User Interface，用户界面）泛指用户的操作界面，包含移动 APP、网页、智能穿戴设备等。UI 设计主要指界面的样式、美观等。在使用上，对软件的人机交互、操作逻辑、界面美观的整体设计也是 UI 设计很重要的内容。好的 UI 不仅是让软件变得有个性有品味，还要让软件的操作变得舒适、简单、自由，充分体现软件的定位和特点。

6）HTTP 协议

HTTP（Hypertext Transfer Protocol，超文本传输协议）是互联网上应用最为广泛的一种网络协议。所有的 WWW 文件都必须遵守这个标准。设计 HTTP 最初的目的是为了提供一种发布和接收 HTML 页面的方法。

7）URL

URL（Uniform Resource Locator，统一资源定位符）也被称为网址，是对可以从互联网上得到的资源的位置和访问方法的一种简洁的表示，是互联网上标准资源的地址。互联网上的每个文件都有一个唯一的 URL，它包含的信息指出文件的位置以及浏览器应该如何处理它。URL 可以是一串英文字符（域名），也可以是一串数字的形式（IP 地址），前者更容易记忆。

URL 由 4 个部分组成，即协议、主机名、文件夹名、文件名。如 http://www.w3school.com.cn/css/css.html，其中 http 是协议，www.w3school.com.cn 是主机名（域名），css 是文件夹名，css.html 是文件名。

在网页没有发布之前，经常使用本地测试服务器地址，作为访问网页的地址，如 http://localhost/news/index.html，其中，localhost 代表本地主机，也可使用 127.0.0.1 代替。

8）FILE 协议

FILE（File Protocol，本地文件传输协议）主要用于访问本地计算机中的文件，本书尤其指网页文件，就如同在 Windows 资源管理器中打开文件一样。

基本的格式如下：file:///文件路径/文件名，比如要访问本地网页文件 ch1-page-001.html，其所在的路径为 D 盘的文件夹 webpage 下的子文件夹 chap1，在浏览器地址栏中输入 file:///D:/webpage/chap1/ch1-page-001.html 地址后按 Enter 键即可。

9）CSS

CSS（Cascading Style Sheets，层叠样式表）是一种用来表现 HTML 或 XML（Extensible Markup Language，可扩展标记语言）等文件样式的计算机语言。CSS 不仅可以静态地修饰网页，还可以配合各种脚本语言（如 JavaScript）动态地对网页各元素进行格式化。

10）B/S

B/S（Browser/Server，浏览器/服务器模式）是 Web 兴起后的一种网络结构模式，Web 浏览器是客户端最主要的应用软件。这种模式统一了客户端，将系统功能实现的核心部分集中到服务器上，简化了系统的开发、维护和使用。客户机上只需安装一个浏览器，服务器安装 SQL Server、Oracle、MySQL 等数据库。浏览器通过 Web Server 同数据库进行数据交互。B/S 结构如图 0.1 所示。

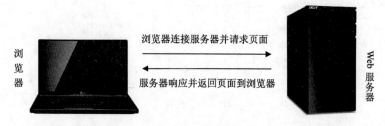

图 0.1　浏览器与 Web 服务器之间的关系

11）Web 服务器

Web 服务器（Webserver）一般指网站服务器，是指驻留于因特网上某种类型计算机的程序，可以向浏览器等 Web 客户端提供文档，可以放置网站文件，让全世界浏览；可以放置数据文件，让全世界下载，如图 0.2 所示。

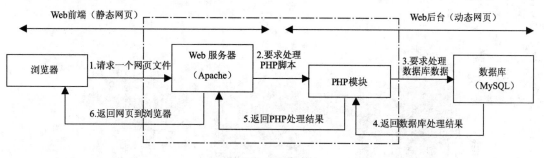

图 0.2　B/S 架构

12）服务器端脚本语言

服务器端脚本语言一般用来实现网站的动态功能开发，如 JSP（Java Server Pages）、PHP（Hypertext Preprocessor）、ASP（Active Server Pages）等。图 0.2 中，PHP 模块对应的就是 PHP 脚本语言实现访问数据库、处理浏览器（B）请求等功能，处理之后的结果以 HTML 的方式返回给浏览器。浏览器不能解释执行服务器端脚本语言。

2．Web 标准

Web 标准不是一个规范，而是一系列规范的总称。主要包括 3 个方面：

① 结构（内容）标准语言：HTML、XHTML、HTML5。

② 表现标准语言：CSS、CSS3。

③ 行为标准语言：DOM、JavaScript。

"结构+表现+行为"构成了网页不可缺少的组成部分，三者之间的关系如图 0.3 所示。

① 结构（内容）：是页面传达信息的基础，如文本、图片、音乐、视频、数据、文档等。

② 表现：赋予内容的一种样式，使得结构内容的传达变得更加明晰和方便，如字体样式、对齐样式、背景修饰、边框设置等。

③ 行为：是表现和结构内容的纽带，如网页特效、与客户端的交互等。

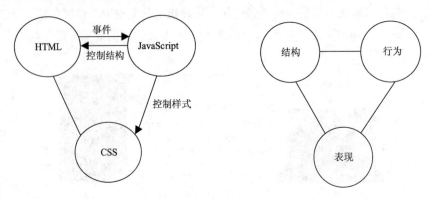

图 0.3　Web 标准的组成及其相互关系

如图 0.4 所示，是本书案例的主体内容部分，使用 HTML5 标准语言完成，作为 Web 标准的结构部分。

图 0.4　案例首页的主体内容部分

如图 0.5 所示，是本书案例的主体内容部分的美化效果，视为 Web 标准的表现部分。图 0.5（a）是 PC 端的显示效果，图 0.5（b）是移动端的显示效果（部分）。同样的 HTML 内容结构，使用不同的 CSS 样式进行表现，得到不一样的显示效果，Web 标准为不同终端的网页显示具备良好的用户体验提供了很大的便利。

（a）PC 端美化效果　　　　　　　　　　（b）移动端美化效果

图 0.5　案例首页的主体内容部分的美化效果

3. 常见的网页元素

不同的网页元素，在网页中有不同的表现形式，也起到不同的作用。如图 0.6 所示，是本书案例首页用到的主要的网页元素。

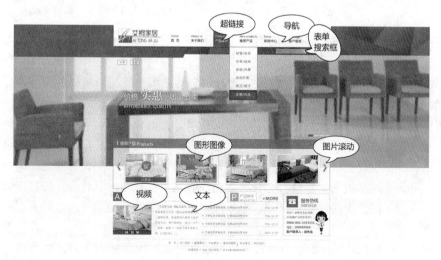

图 0.6　网页常见元素

① 文本（超链接）。网页中的文本元素主要有两种：一种是纯粹的文本，表达基本的信息；另外一种是超链接文本。超链接是 Internet 中任意文件之间或文档元素之间的链接，通过单击热点文本实现，一般把这个热点文本称为超链接文本。

每个文本超链接有两个端点（技术上，每一个都称为 Anchor——锚点），其中一端通常称为链接，它可以是超文本或是图形按钮；另外一端则是链接的目标。后者可以是同一服务器（或同一计算机）上的某一对象（当文档中包含超链接时），或者位于 Internet 的其他地方，是通过 WWW 可以共享的资源。

② 图形图像。网页中可以添加图形图像，图形图像是网页的一类基本元素，也是实现网页特效的主要基础元素之一。

③ Flash 动画。Flash 是基于矢量的图形系统，只要用少量的向量数据就可以描述一个复杂的对象，占用的存储空间很小，非常适合于 Internet 上使用。它是一种网页动画，是一种交互式矢量多媒体技术，可以很容易地将 Flash 动画添加到网页中。随着 HTML5 技术的发展，Flash 动画主要还是基于 PC 端的网页，移动端浏览器不支持 Flash 动画。

④ 表格。网页中，表格除了作为网页的内容外，还可以用来做网页的简单布局，以方便网页元素的添加。

⑤ 表单。表单在网页中主要负责采集数据，提交给 Web 服务器进行相应的处理，然后再把结果返回网页中。一个表单有 3 个基本组成部分：表单标签，包含处理表单数据所用 CGI 程序的 URL 以及数据提交到服务器的方法；表单域，包含文本框、密码框、隐藏域、多行文本框、复选框、单选框、下拉选择框和文件上传框等不同表单项；表单按钮，包括提交按钮、复位按钮和一般按钮，用于将数据传送到服务器上的 CGI 脚本或者取消输入，还可以用表单按钮来控制其他定义了处理脚本的处理工作。表单效果如图 0.7 所示。

图 0.7　表单效果

⑥ 音、视频。音、视频是多媒体元素，网页中可以添加他们作为网页元素，能够丰富网页的表达效果。

⑦ 导航。网页导航（Navigation）是指通过一定的技术手段，为网页的访问者提供一定的途径，使其可以方便地访问到所需的内容。

网页导航表现为网页的栏目菜单设置、辅助菜单、其他在线帮助等形式。网页导航设置是在网页栏目结构的基础上，进一步为用户浏览网页提供的提示系统。由于各个网页设计并没有统一的标准，不仅菜单设置各不相同，打开网页的方式也有区别，有些是在同一窗口打开新网页，有些是在新的浏览器窗口打开，因此仅有网页栏目菜单有时会让用户在浏览网页过程中迷失方向，如果无法回到首页或者上一级页面等，就需要辅助性的导航来帮助用户方便地使用网页信息。

⑧ 交互。网页中的页面交互是指从页面获取数据或反馈数据到页面，如表单注册，用户可以通过浏览器向服务器端提交信息；交互特效，如单击图像实现显示与隐藏、鼠标在网

页元素上的悬停效果、网页多级导航的显示与隐藏等。

⑨ 搜索框。网页中可以添加搜索框，实际上是一种表单项，用户在搜索框中输入需要搜索的内容，可以得到包含这些内容的多个页面链接或文件等。

⑩ 图片滚动等网页特效。网页中，多张图片可以通过循环滚动图片的形式，对图片进行展示。还有图片的三维显示、图片的变换等效果。

⑪ 选项卡面板。又称 Tab 面板，是一种节省网页布局区域的内容显示方式，同一块区域可以显示多个层（Div）的内容，根据 Tab 选项，决定最上面显示哪个层的内容。

⑫ 对话框。通过网页中弹出的窗口进行对话设置，用户在对话框中可以选择相应项，或者输入相应内容。

⑬ 弹出窗口。网页在交互过程中弹出某窗口，可以表达操作提醒，或者说明信息等。

⑭ 折叠面板。也是节省布局空间、简化网页布局的一种方式。网页中的某些元素不是最重要的或者不需要第一时间显示给客户端，可以先隐藏；需要显示时，再显示隐藏的内容。

4. 常见的网页布局

网页设计中，网页布局设计是非常关键的一个环节。若干的网页元素，如何以更合理更妥当的方式"摆放"在网页中，给客户带来更好的用户体验的同时，及时传递了网页元素要表达的信息，以此有了不同类型的网页布局板式。常见的布局设计如下：

① 国字形布局。"国"字形布局因布局结构与汉字"国"相似而得名。其页面的最上部分一般放置网站的标志和导航栏或 Banner 广告，页面中间主要放置网站的主要内容，最下部分一般放置网站的版权信息和联系方式等，如图 0.8 所示。

图 0.8 "国"字形网页布局结构

② T 形布局

T 形布局结构因与英文大写字母 T 相似而得名。其页面的顶部一般放置横网站的标志或 Banner 广告，下方左侧是导航栏菜单，下方右侧则用于放置网页正文等主要内容，如图 0.9 所示。

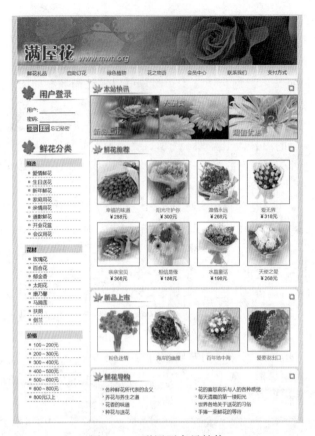

图 0.9　T 形网页布局结构

③ 左右框架形布局。左右框架形布局结构是一些学习型网站、大型论坛和企业网站经常使用的一种布局结构。其布局结构主要分为左右两侧的页面。左侧一般主要为导航栏链接，右侧则放置网站的主要内容，如图 0.10 所示。

图 0.10　左右框架形网页布局结构

④ POP 布局。POP 布局是一种颇具艺术感和时尚感的网页布局方式。页面设计通常以一张精美的海报画面为布局的主体，如图 0.11 所示。

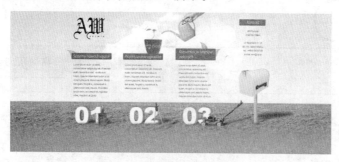

图 0.11　POP 布局网页结构

⑤ Flash 布局

Flash 布局是指网页页面以一个或多个 Flash 作为页面主体的布局方式。在这种布局中，大部分甚至整个页面都是 Flash，如图 0.12 所示。

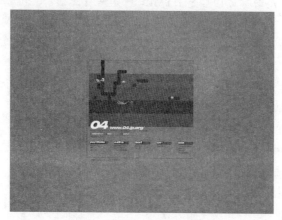

图 0.12　Flash 布局网页结构

5. 网站开发的基本流程

网站的开发大致分为策划分析、设计、制作或开发、测试及发布等环节，主要的内容如下：

① 前期准备阶段。根据客户的需求，完成网站的定位。接着完成市场调研、需求分析，进行素材的收集和处理。项目组确定网站的栏目，并最终定稿，完成网站的策划。

② 中期制作阶段。根据策划书，选择网站的设计、制作以及实现的主要工具，设计、制作网页的原型图、效果图。然后是网站静态页面制作、动态页面功能开发。

③ 后期发布阶段。静态页面和动态功能进行整合，完成整个网站的设计与开发。然后是测试以及发布，提交客户检验。网站正常运行后，后续的主要工作就是维护和更新。

课后习题

① 根据给出的布局效果图，从 Internet 中查找各种布局类型的网页并进行简要分析。

② 通过 Internet 搜索各类网站，浏览网站并归纳总结网页中都能看到哪些网页元素。

单元 1

→ 网页设计工具

学习了网页制作相关的基础理论知识之后，从本单元开始学习制作网页。首先学习制作网页使用的基本技术和工具软件，搭建网页运行的工作环境和浏览环境。

任务 1 熟识网页语言

互联网中应用最广泛的标记语言是 HTML，它是网页的根本，若干个 HTML 标记构成一个完整的网页。本任务中学习 HTML 标记的语法结构以及基本的 HTML 文件结构，为后续制作网页奠定语言基础。

【学习目标】
- 熟悉网页制作的语言。
- 掌握 HTML 标记语言的原理。
- 掌握 HTML 标记的语法结构。
- 掌握 HTML 文件的结构。
- 运用 HTML 标记创建网页。

【学习重点与难点】
- 重点：标记的含义、格式及使用方法。
- 难点：标记的嵌套。

效果展示

如图 1.1 所示，使用"记事本"软件和常见的网页标记<body></body>、<b></b>等实现"hello Internet World！"网页。

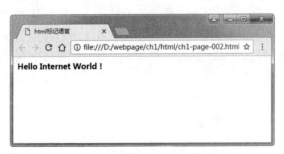

图 1.1 "Hello Internet World" 网页运行效果

任务准备

（1）Html 含义

HTML（HyperText Markup Language，超文本置标语言）是标准通用标记语言下的一个应用，是解释性语言，本质上就是文本文件。"超文本"就是指页面内可以包含图片、链接，甚至音乐、程序等非文字元素。HTML 标记语言是制作网页的标准语言，由浏览器解释执行并进行显示。

（2）HTML 标记的语法结构

HTML 标记又称 HTML 标签，是 HTML 语言的基本组成单位，不同的 HTML 标记表示不同的网页元素，如图像元素、表单元素等都是不同的 HTML 标记实现的效果。HTML 标记的格式如下：

`<标记>受标记影响的内容</标记>`

另外，标记具有一系列的属性来控制信息的效果，具体的语法格式如下：

`<标记 属性1="属性值1" 属性2="属性值2">受影响的内容</标记>`

`<标记 属性1="属性值1" 属性2="属性值2".../>`

比如，网页中要显示一段文字，并且这段文字居左排列，此时的标记代码为：

`<p align="left">这是一段居左排列的文字</p>`

其中`<p>`称为段落标记的开始标记，而`</p>`称为段落标记的结束标记，开始标记和结束标记之间的内容就是段落内的文字，align 是段落标记的属性，left 是 align 属性的值。

注意：html 标记不区分大小写，即`<p>`和`<P>`都代表段落标记，含义相同；具有开始标记和结束标记的 HTML 标记被称为双标记，相对应的，单标记就是没有结束标记，如水平线标记，正确的书法格式是`<hr/>`。

（3）HTML 文件的结构

HTML 文件由若干个标记互相合理的嵌套组成，扩展名是.html 或者.htm。HTML 文件的主体结构包括 4 个部分：

```
<!doctype html><!--文档类型说明，此处代表 html5 文档-->
<html><!--html 文档标记的开始-->
<head><!--文档"头"标记的开始-->
    <meta charset="utf-8"><!--提供关于页面的一些源信息，比如字符集等-->
    <title>文档的标题</title>
</head><!--文档"头"标的记结束-->
<body><!--文档主体标记的开始-->
文档的主要内容
</body><!--文档主体标记的结束-->
</html><!--html 文档标记的结束-->
```

文档头标记内主要是一些与浏览器、客户端信息相关的内容，网页的主要内容都位于文档主体标记内。

任务实现

① 选择"开始"菜单，然后依次选择"程序"→"附件"→"记事本"命令。

② 在打开的"记事本"窗口中写入如下代码。此时记事本窗口如图 1.2 所示。

单元 ① 网页设计工具

```
<!doctype html>
<html>
<head>
<meta charset="utf-8">
<title>html 语言</title>
</head>
<body>
<b>Hello Internet World! </b>
</body>
</html>
```

<b></b>标记的含义是设置粗体文本。

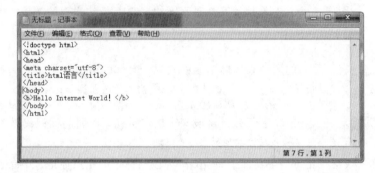

图 1.2 "记事本"窗口

③ 编写完成后保存该文档。选择"文件→保存"命令，弹出如图 1.3 所示的"另存为"对话框。特别注意，应首先在"保存类型"下拉列表中选择"所有文件"选项，然后再在"文件名"文本框中输入文件名 ch1-page-002.html，以 .html 或 .htm 为扩展名。

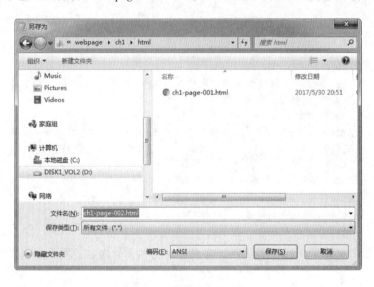

图 1.3 "另存为"对话框

④ 在文件夹中，双击 ch1-page-002.html 文件，效果如图 1.4 所示。

图 1.4 "Hello Internet World"浏览效果

同步训练

① 用记事本新建文件，保存为 ch1-page-003.html，网页效果如图 1.5 所示。

图 1.5 同步训练效果图

② 提示：修改<title>标记中的标题为"网页设计语言 html"，<body>中的正文内容如下：

```
<b>我要开始学习 html 标记语言制作网页啦</b>
<hr/>
<b>数字媒体专业</b>
```

知识拓展

（1）HTML 标记的发展

超文本标记语言（第一版）——在 1993 年 6 月作为互联网工程工作小组（IETF）工作草案发布（并非标准）。

HTML2.0——1995 年 11 月作为 RFC 1866 发布，在 RFC 2854 于 2000 年 6 月发布之后被宣布已经过时。

HTML3.2——1997 年 1 月 14 日，W3C 推荐标准。

HTML4.0——1997 年 12 月 18 日，W3C 推荐标准。

HTML4.01（微小改进）——1999 年 12 月 24 日，W3C 推荐标准。

HTML5——2014 年 10 月 28 日，W3C 推荐标准。

ISO/IEC 15445:2000（ISO HTML）——2000 年 5 月 15 日发布，基于严格的 HTML4.01 语法，是国际标准化组织和国际电工委员会的标准。

HTML 没有 1.0 版本是因为当时有很多不同的版本。有些人认为蒂姆·伯纳斯-李的版本应该算初版，这个版本没有 IMG 元素。当时被称为 HTML+的后续版的开发工作于 1993 年开始，最初是被设计成为"HTML 的一个超集"。第一个正式规范为了和当时的各种 HTML 标准区分开，使用了 2.0 作为其版本号。HTML+的发展继续下去，但它从未成为标准。

HTML3.0 规范是由当时刚成立的 W3C 于 1995 年 3 月提出，提供了很多新的特性，例如

单元 1 网页设计工具

表格、文字绕排和复杂数学元素的显示。虽然它是被设计用来兼容 2.0 版本的，但是实现这个标准的工作在当时过于复杂，在草案于 1995 年 9 月过期时，标准开发也因为缺乏浏览器支持而中止。3.1 版从未被正式提出，而下一个被提出的版本是开发代号为 Wilbur 的 HTML 3.2，去掉了大部分 3.0 中的新特性，但是加入了很多特定浏览器，例如 Netscape 和 Mosaic 的元素和属性。HTML 对数学公式的支持最后成为另外一个标准 MathML。

HTML4.0 同样也加入了很多特定浏览器的元素和属性，但同时也开始"清理"这个标准，把一些元素和属性标记为过时，建议不再使用它们。HTML 的未来和 CSS 结合会更好。

HTML5 草案的前身名为 Web Applications 1.0。于 2004 年被 WHATWG 提出，于 2007 年被 W3C 接纳，并成立了新的 HTML 工作团队。在 2008 年 1 月 22 日，第一份正式草案发布。

XHTML1.0——发布于 2000 年 1 月 26 日，是 W3C 推荐标准，后来经过修订于 2002 年 8 月 1 日重新发布。

XHTML1.1，于 2001 年 5 月 31 日发布，W3C 推荐标准。

XHTML2.0，W3C 工作草案。

XHTML5，从 XHTML 1.x 的更新版，基于 HTML5 草案。

（2）HTML5 的主要特点

HTML5 赋予网页更好的意义和结构。基于 HTML5 开发的网页 APP 拥有更短的启动时间、更快的联网速度，这些全得益于 HTML5 APP Cache，以及本地存储功能。

HTML5 为网页应用开发者提供了更多功能上的优化选择，带来了更多体验功能的优势，HTML5 提供了前所未有的数据与应用接入开放接口。使外部应用可以直接与浏览器内部的数据相连，如视频影音可直接与 Microphones 及摄像头相连。

更有效的连接工作效率，使得基于页面的实时聊天、更快速的网页游戏体验、更优化的在线交流得到了实现。HTML5 拥有更有效的服务器推送技术，Server-Sent Event 和 WebSockets 就是其中的两个特性，这两个特性能够帮助人们实现服务器将数据"推送"到客户端的功能。

支持网页端的 Audio、Video 等多媒体功能，与网站自带的 APPS、摄像头、影音功能相得益彰。

基于 SVG、Canvas、WebGL 及 CSS3 的 3D 功能，用户会惊叹于在浏览器中所呈现的惊人视觉效果。

在不牺牲性能和语义结构的前提下，CSS3 中提供了更多的风格和更强的效果。

（3）HTML5 新增的主要标记

<article>：定义 article。

<aside>：定义页面内容之外的内容。

<audio>：定义声音内容。

<embed>：定义外部交互内容或插件。

<figure>：定义媒介内容的分组，以及它们的标题。

<footer>：定义 section 或 page 的页脚。

<header>：定义 section 或 page 的页眉。

<mark>：定义有记号的文本。

<meter>：定义预定义范围内的度量。

<nav>：定义导航链接。

<output>：定义输出的一些类型。

<progress>：定义任何类型的任务的进度。

<rt>：定义 ruby 注释的解释。

<ruby>：定义 ruby 注释。

<section>：定义 section。

<source>：定义媒介源。

<time>：定义日期/时间。

<video>：定义视频。

课后习题

充分理解 HTML 标记的含义及其基本思想。

任务 2 美化网页元素

HTML 标记构建完整的网页内容结构，使用 CSS 可以美化这些内容，强化网页的视觉效果，本任务主要介绍 CSS 的基本结构，样式的定义方法以及如何使用。

【学习目标】

- 熟识 CSS 的基本含义。
- 理解 CSS 选择符。
- 掌握 CSS 选择符的基本结构。
- 掌握 CSS 引用的基本方法。
- 运用 CSS 选择符美化 HTML 标记。

【学习重点与难点】

- 重点：CSS 选择符的结构、定义规则。
- 难点：CSS 的引用。

效果展示

如图 1.6 所示，使用 CSS 样式语言对网页的文本内容进行美化。

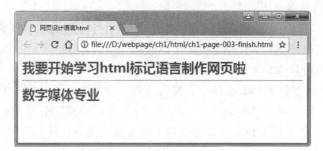

图 1.6　网页文本的美化

任务准备

（1）CSS 的基本含义

CSS（Cascading Style Sheets，层叠样式表单）简称样式表，是用于（增强）控制网页样式并允许将样式信息与网页内容分离的一系列格式规则。这些规则控制网页元素的外观，如字体大小、字体样式、图片边框、网页元素布局，甚至一些网页特效等。层叠是指在 HTML 文档中引用多个定义样式的样式文件（CSS 文件）时，若多个样式文件间所定义的样式发生冲突，将依据层次顺序处理。

层叠是 CSS 样式的特性之一，CSS 样式还具有继承性、优先级等特性，后续的相关章节会陆续介绍。

（2）CSS 的定义

CSS 的定义由 3 部分构成：选择符（Selector）、属性（Properties）和属性的取值（Value），基本格式如下：

```
选择符  {属性 1:属性值 1；…属性 n:属性值 n;}
```

其中，选择符又称选择器，就是某一个样式的名称。当 HTML 文档中某个元素要使用该样式时，就是选择这个选择符。

HTML 标记是通过不同的 CSS 样式声明进行美化的，用户"选择"不同的 CSS 样式对 HTML 标记进行美化，或者说用户"选择"需要添加样式的 HTML 标记，所以称为"选择符"。CSS 选择符分为标记选择符、类选择符、ID 选择符、伪类选择符、后代选择符以及复合选择符等。不同的选择器适用的场合不一样。

标记选择器，实际上就是使用 CSS 样式重新定义 HTML 标记的样式，替换浏览器默认的样式，比如，对 p 标记声明如下的样式：

```
p{
    font-size:12px;
    background:#900;
    color:#090;
}
```

结果就是，HTML 中的所有 p 标记会使用当前定义的 CSS 样式，而不是默认的浏览器样式。这里就存在一个 CSS 样式优先级的概念，也就是 CSS 的标记选择器的优先级高于浏览器默认的 HTML 标记的样式。

（3）CSS 引用的基本方法

定义 CSS 样式以后，HTML 标记使用多种方法来引用样式，以达到想要的效果，具体如下：

① 样式表内嵌在 HTML 文件中，称为"内嵌式"引用方法。

② 样式表内联到 HTML 文件行中，称为"行内样式"引用方法。

③ 外部样式表链接到 HTML 文件中，称为"链接外部样式"引用方法。

④ 外部样式表导入到 HTML 文件中，称为"导入外部样式"引用方法。

这里以第一种方法讲解 HTML 中如何引用 CSS 样式，其他几种方法后续相关章节会进行详细讲解。在 HTML 文档中，<style></style>标记用来设置 CSS 样式，存在于 head 部分。其中，type 属性是必需的，定义 style 标记的内容是"text/css"。

比如，设置当前网页的字体大小，代码如下：

```
<style type="text/css">
    body{font-size:14px;}
 </style>
```

任务实现

① 用记事本打开素材文件 ch1-page-003.html。

② 使用"内嵌式"引用 CSS，在 head 部分添加标记选择器——b，并设置美化样式：文字颜色为#F0F，字号为 26px，代码如下：

```
<style type="text/css">
b {
    color: #F0F;
    font-size:26px;
}
</style>
```

③ 浏览器预览效果如图 1.7 所示，完整代码见 ch1-page-003-finish.html 网页文件。

图 1.7 "记事本"实现的 HTML+CSS 效果

同步训练

① 用记事本打开 ch1-page-003-finish.html，完成如图 1.8 所示的效果。完整代码可参见 ch1-page-004.html 网页文件。

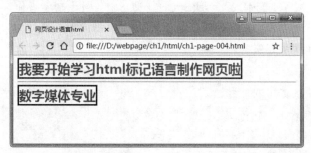

图 1.8 "记事本" HTML+CSS 实现网页的同步训练效果图

② 提示：边框的设置是宽度为 3px，实线边框 solid，颜色为#03F，CSS 样式的代码如下：
```
border: 3px solid #03F;
```

知识拓展

（1）CSS 的优点

相比于 HTML 标记的属性,CSS 对于 HTML 标记的表现能力非常丰富，而且是独立于 html

文件存在的，直观、可读，便于修改和维护。没有样式的纯结构化文档内容也能体现出简洁和清晰。

减少网页文件的体积大小，相同的样式可以应用于多个标记，避免重复，缩小了文件的体积，提高了网页的传输速度。

（2）CSS 的发展史

CSS 最早被提议是在 1994 年，最早被浏览器支持是 1996 年。

1996 年 W3C 正式推出了 CSS1。

1998 年 W3C 正式推出了 CSS2。

目前使用的是 CSS3，CSS3 在包含了所有 CSS2 支持的基础上有所改进。目前 CSS3 还不被所有的浏览器支持。

（3）CSS3 新增的属性

CSS3 被划分为模块，最重要的几个模块包括选择器、框模型、背景和边框、文本效果、2D/3D 转换、动画、多列布局、用户界面。

背景和边框：border-radius、box-shadow、border-image、background-size、background-origin、background-clip。

文本效果（常用）：text-shadow、word-wrap、word-break。

2/3D 转换：Transform、transition。

动画：animation、animation-name、animation-duration 等。

用户界面（常用）：box-sizing、resize。

课后习题

充分理解 CSS 的基本含义、标记的含义及其基本思想。

任务 3　熟识网页制作软件——Dreamweaver

Dreamweaver 集成了 HTML 标记及强大的辅助功能，对于初学者而言，可以帮助快速掌握网页的创建、浏览。本任务主要熟悉 Dreamweaver 工作环境、基本的 HTML 文件和 CSS 文件的创建、保存和使用方法。

【学习目标】

- 了解网页制作的常用软件和技术。
- 掌握 Dreamweaver 工作环境。
- 运用 Dreamweaver 创建 HTML 网页文件。
- 运用 Dreamweaver 创建 CSS 样式。

【学习重点与难点】

- 重点：Dreamweaver 创建 HTML 文件、CSS 样式。
- 难点：Dreamweaver 创建 HTML 文件、CSS 样式。

效果展示

如图 1.9 所示，使用 Dreamweaver 软件实现网页的创建和保存。

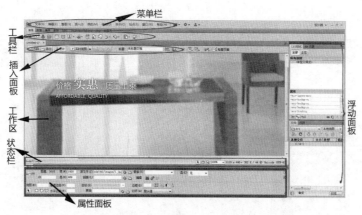

图 1.9　Dreamweaver 工作环境

任务准备

（1）网页制作的常用软件和技术

网页制作包括图像处理、网页制作以及网站的动态功能开发，图像处理目前一般都使用 Photoshop 图像处理软件，Web 前端的特效一般使用 JavaScript 脚本语言及其库文件来实现，后台动态功能开发使用 PHP、JSP、ASP 等服务器端脚本语言，结合数据库技术来实现。本书讲解前端的网页设计和制作，主要是基于 Dreamweaver 工作环境进行。

（2）Dreamweaver 工作环境

① Dreamweaver 的工作环境：工作窗口共 5 部分——菜单栏、工具栏、属性面板（最下方）、面板中组（最右侧）和文档编辑区（工作区），如图 1.10 所示。

② 工作区布局：打开窗口/工作区布局/设计器，可打开设计器布局编辑窗口，可在此窗口中进行直观的网页设计。在窗口中使用"插入"→"图像"命令，插入一张图片。

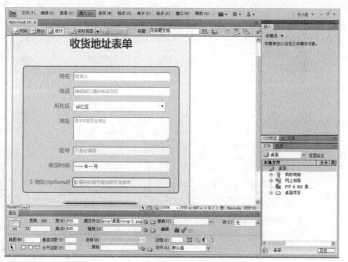

图 1.10　设计器工作区布局界面

执行"窗口"→"工作区布局"→"编辑器"命令，使用编辑器布局窗口可直接写代码进行网页设计，如图 1.11 所示。可看到所插入图片的代码为 <img src="img/step-1.png"

width="559" height="625" />。

图 1.11　编辑器工作区布局窗口

③ Dreamweaver 有 3 种视图：

a. 代码视图：可看到基础的 HTML 代码，如图 1.11 所示。

b. 拆分视图：同时显示代码视图和拆分视图，如图 1.12 所示。

c. 设计视图：文档看起来与它在浏览器中的外观非常相似，如图 1.13 所示。

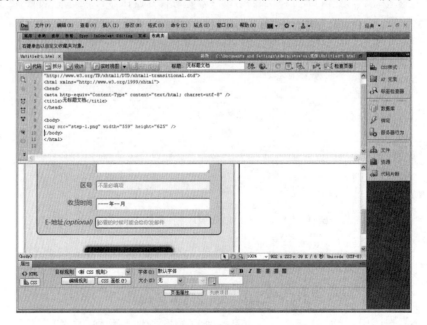

图 1.12　拆分视图窗口

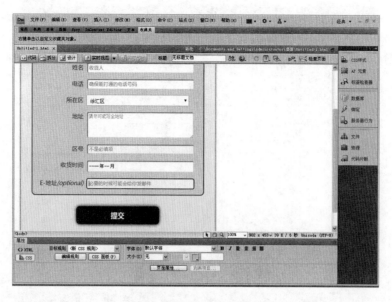

图 1.13　设计视图窗口

④ "CSS 样式"面板。使用"CSS 样式"面板可以跟踪影响当前所选页面元素的 CSS 规则和属性（"正在"模式），或影响整个文档的规则和属性（"全部"）。使用"CSS 样式"面板顶部的切换按钮可以在两种模式之间切换。使用"CSS 样式"面板还可以在"全部"和"正在"模式下修改 CSS 属性，如图 1.14 所示。

可以通过拖放窗格之间的边框来调整任一窗格的大小。

在"正在"模式下，"CSS 样式"面板将显示 3 个面板窗格："所选内容的摘要"窗格，其中显示文档中当前所选内容的 CSS 属性；"规则"窗格，其中显示所选属性的位置（或所选标签的一组层叠的规则，具体取决于用户的选择）以及"属性"窗格，它允许编辑定义所选内容的规则的 CSS 属性。

在"全部"模式下，"CSS 样式"面板显示两个窗口："所有规则"窗格（顶部）和"属性"窗格（底部）。"所有规则"窗格显示当前文档中定义的规则以及附加到当前文档的样式表中定义的所有规则的列表。使用"属性"窗格可以编辑"所有规则"窗格中任何所选规则的 CSS 属性。

对"属性"窗格所做的任何更改都将立即应用，可以在操作的同时预览效果。

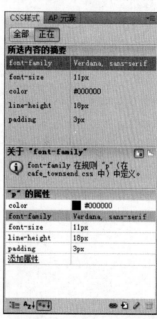

图 1.14　"CSS 样式"面板

任务实现

① 新建空文档，注意文档类型修改为基于 HTML5 标准的页面，如图 1.15 所示。

② 在设计视图中，将"标题"中的"无标题文档"修改为"html 标记语言"，如图 1.16 所示。

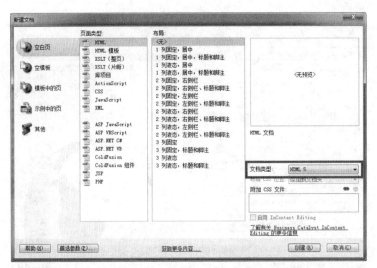

图 1.15　"新建文档"对话框

图 1.16　修改标题

③ 在正文中输入"Hello Internet World! 数字媒体专业"，然后将鼠标指针定位在感叹号后面，从"插入"菜单中插入一条水平线，如图 1.17 所示。

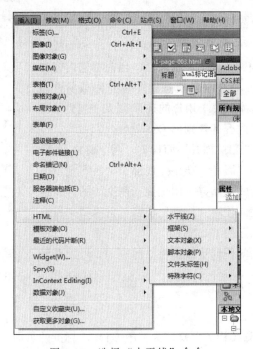

图 1.17　选择"水平线"命令

此时的设计视图如图 1.18 所示，代码视图如图 1.19 所示，可以看到设计视图中的修改标题、插入水平线等操作会自动生成 HTML 的代码。

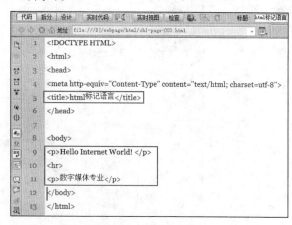

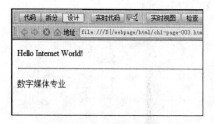

图 1.18　设计视图

图 1.19　代码视图

④ 将网页保存为 ch1-page-003.html，并注意网页编辑以后随时保存。

⑤ 在网页正文中右击，在弹出的快捷菜单中选择"CSS 样式"→"新建"命令，如图 1.20 所示。

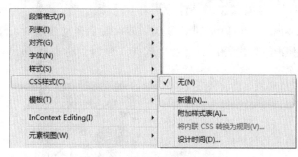

图 1.20　选择"新建"命令

在弹出的"新建 CSS 规则"对话框中，选择标签选择器类型，并选择 p 标签选择器，单击"确定"按钮，如图 1.21 所示。

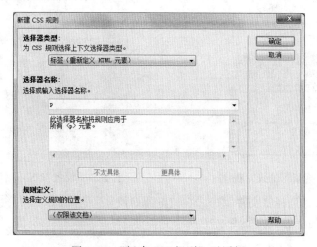

图 1.21　"新建 CSS 规则"对话框

在"p 的 CSS 规则定义"对话框中，设置字号为 26px，文字颜色为玫红色，如图 1.22 所示。

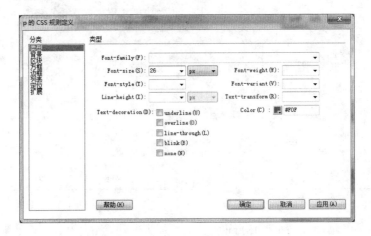

图 1.22   "p 的 CSS 规则定义"对话框

单击"确定"按钮，Dreamweaver 的设计视图如图 1.23 所示，注意文件名 ch1-page-003.html 后面多了个*，表示网页文件有编辑，请注意保存。

代码视图如图 1.24 所示，可以看到 CSS 规则的设置也自动生成了 CSS 代码。使用"CSS 样式"面板创建样式不需要写代码，会自动生成样式代码，这也是 Dreamweaver 可视化工作环境带来的好处之一。

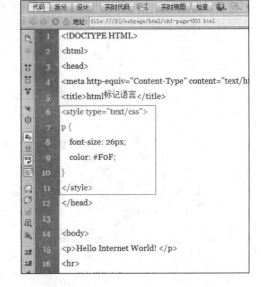

图 1.23 设置 CSS 规则后的设计视图   图 1.24 设置 CSS 规则后的代码视图

⑥ 保存文件后，选择"文件"→"在浏览器中预览"→"chrome"命令，如图 1.25 所示，可看到网页的最终效果，如图 1.26 所示。

图 1.25 选择"chrome"命令

图 1.26 HTML+CSS 网页效果

如果选择"chrome"为默认浏览器，也可以按 F12 键在浏览器中预览网页。如果需要换一个默认浏览器，可以使用"编辑浏览器列表"命令来设置默认浏览器。

同步训练

① 打开 ch1-page-003.html，完成如图 1.27 所示的效果。完整代码可参见 ch1-page-004.html。

图 1.27 HTML+CSS 同步训练

② 提示：边框的设置是宽度为 3px，实线边框 solid，颜色为#03F。

知识拓展

Dreamweaver 打开已有文件的方法

在站点文件夹下找到要打开的网页，双击该网页即可，也可选择"文件"→"打开"命令，弹出如图 1.28 所示的对话框，选择已有的文件名，单击"打开"按钮即可。

图 1.28　打开文件

课后习题

学习 Dreamweaver 软件的使用方法。

任务 4　浏　览　网　页

在 B/S 架构中，在浏览器中地址栏输入网页的 URL 地址时，需要 Web 服务器完成对于 HTTP 协议的解释，传递相应的 HTML 文件给浏览器进行解释执行，才能在浏览器中查看到网页效果。前面通过双击的方式打开 HTML 文件进行浏览，其实是以本地文件的方式（通过 file 协议）打开的 HTML 网页文件，就像是打开一个 Word 文件一样。实际上网页是需要通过标准的 URL 的形式进行访问的。本任务通过本地测试服务器完成站点内网页文件的浏览。

【学习目标】

- 了解站点的作用。
- 熟悉常见的浏览器。
- 掌握 Dreamweaver 创建站点的方法。
- 运用 Dreamweaver 站点管理网页文件。

【学习重点与难点】

- 重点：Dreamweaver 创建站点管理网页文件。
- 难点：Dreamweaver 创建站点管理网页文件。

效果展示

如图 1.29 所示，在 Dreamweaver 软件中，通过创建站点的方式，完成网页文件的管理，然后通过 Web 服务器的搭建，实现网页文件的 URL 形式的访问。

图 1.29　Dreamweaver 站点

任务准备

① 浏览器，用来打开网页的软件，用来解释 HTML 标记、CSS 样式文件以及 JavaScript 脚本语言的，目前主流的浏览器包括 Chrome、Firefox、IE 等。不同浏览器对于网页的解释存在不同的地方。

② 站点：用来对网站的相关文件进行统一管理，如网页文件、样式文件、网页图像素材、特效文件等，以保证完整性。站点通常体现为一个文件夹，作为本地站点的根目录。

③ Dreamweaver 创建站点：Dreamweaver 中提供创建和管理站点的方法，建立与本地文件夹的联系，便于在 Dreamweaver 中管理文件和浏览网页。Dreamweaver 会自动监测站点外部的文件。重新命名时，系统会自动更新所有的链接。

任务实现

① 在 Dreamweaver 的主界面中，选择"站点"→"新建站点"命令，弹出"站点设置对象"对话框，如图 1.30 所示。

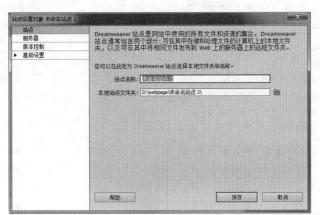

图 1.30　"站点设置对象"对话框

② 在该对话框中的"站点名称"文本框中输入站点名称"mywebsite-atjj"，在"本地站点文件夹"组合框中设置完整的路径名称为"D:\xampp\htdocs\aitongjiaju\"，如图 1.31 所示。

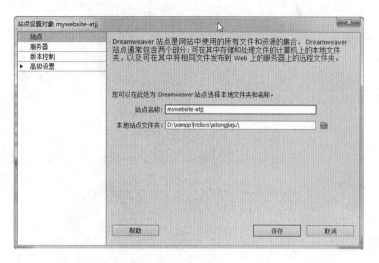

图 1.31　保存站点

③ 选择"服务器"选项卡，单击"+"按钮，添加服务器，如图 1.32 所示。

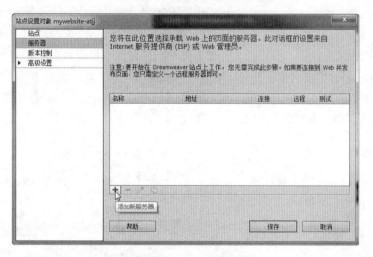

图 1.32　添加服务器

④ 添加的服务器信息如图 1.33 所示。选择"高级"选项卡，设置"测试服务器"的服务器模型为"PHP MySQL"，至此 Web 服务器的配置完成，然后单击"保存"按钮。

注意：这里假设本地计算机 Web 服务器已经正常运行，详见后面的"知识拓展"部分。

⑤ 在当前对话框中设置刚才建立的服务器为"测试服务器"，如图 1.34 所示，取消选中"远程"复选框。因为是使用本地计算机作为 Web 服务器，所以只能作为"测试服务器"的形式进行工作。

图 1.33　添加的服务器信息

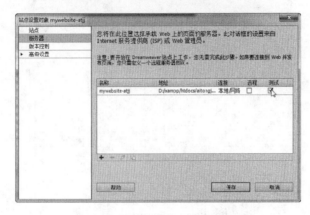

图 1.34　设置服务器为"测试服务器"

⑥ 把网页素材复制到站点中，更新站点缓存，此时 Dreamweaver 界面中"文件"面板如图 1.35 所示，注意"文件"面板中包含两个文件夹：chap1 和 chap2。

⑦ 双击"文件"面板中的 ch1-page-003.html，主面板显示当前编辑的文件。

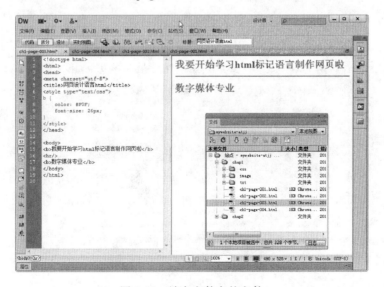

图 1.35　站点文件夹的文件

⑧ 选择"文件"→"在浏览器中预览"→"chrome.exe"命令，可打开 chrome 浏览器浏览该网页。注意，浏览器选择面板随本机安装的浏览器而不同，F12 键可设置为主浏览器的快捷键，如图 1.36 所示。

图 1.36　站点文件夹的文件浏览

⑨ 浏览器中的显示效果如图 1.37 所示，注意此时的浏览器地址栏的网页地址：http://localhost/aitongjiaju/chap1/ch1-page-003.html，localhost 代表本地主机，这是以本地测试服务器的方式访问网页，不同于前面的 file 协议访问网页。

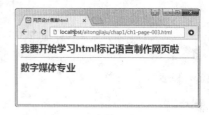

图 1.37　通过本地测试服务器浏览网页

同步训练

根据本任务介绍的方法，创建一个本地测试站点，如图 1.38 所示，并在浏览器中访问 html-test.html 文件（读者自行建立），要求其访问地址是 http://localhost/chap2/html-test.html。

图 1.38　创建站点

知识拓展

（1）xampp 集成平台

本地计算机要作为 Web 服务器，必须事先配置好 Web 服务器。XAMPP（Apache+MySQL+PHP+PERL）是一个功能强大的建站集成软件包。下载软件包，安装，运行即可使用。关于如何下载和安装 xampp，请查阅相关资料。

（2）Web 服务器的搭建

本任务使用的 xampp 集成平台中，Web 服务器是 Apache，其默认的站点根目录是安装根文件夹下的"xampp/htdocs"文件夹。最直接的方法是把自己的站点文件夹放在 htdocs 文件夹下，然后通过相对路径的方式访问网页。比如，前面的任务，自己的站点文件夹是"aitongjiaju"，里面根据章节包含两个子文件夹，即 chap1 和 chap2。我们现在要访问 chap1 中的 ch1-page-003.html 文件，根据 URL 的工作原理，其完整的 URL 地址是 http://localhost/aitongjiaju/chap1/ch1-page-003.html

（3）远程站点的网页浏览

本地站点上传到远端服务器，即可作为远程站点，基于 HTTP 协议访问 Internet 中的网页文件。假如将 aitongjiaju 站点通过 FTP 服务器上传到远端服务器，则可通过 http://xx-web-job.com/aitongjiaju/chap1/ch1-page-003.html URL 地址访问到这个网页。其中，xx-web-job.com 是远程 Web 服务器的域名（主机名）。

课后习题

巩固课上所学，掌握创建站点和管理站点的方法。

单 元 小 结

本单元主要介绍制作网页的基本工具。先是介绍了网页的标记语言 HTML 的基本结构、标记的格式规范以及 HTML 网页文件的创建和保存，接着介绍 CSS 层叠样式表的基本含义、样式定义的格式规范以及样式的使用，然后是可视化制作工具 Dreamweaver 的工作环境以及网页文件、样式表文件的创建、保存和引用。最后介绍网页文件的管理以及在浏览器中浏览网页。通过本单元的学习，读者可创建一个简单的网页并在浏览器中查看网页。

单元②

→ 网 页 元 素

网页的主要作用是给浏览者传递有用的信息，并且能给浏览者以良好的用户体验，期待用户的再次光临。网页中包含多种不同形式的元素内容，如文本元素、图像元素、音视频元素、交互表单元素、布局元素等。本单元主要讲解网页的各种元素内容的创建方法以及表现形式。

任务1 创建和美化网页文本元素

文本是网页中主要的元素之一，具有多种表现形式，如段落文本、超链接文本、滚动文本、特效文本等。本任务主要实现多种不同文本的创建和美化。

【学习目标】

- 了解网页文本元素的多种表现形式。
- 理解 URL、热点文本等基本概念、Web 标准的原理及其优缺点。
- 理解网页中特殊符号的实现方法。
- 掌握文本类标记的使用以及常见属性的运用，如 p 标记、h#标记、hr 标记、br 标记、超链接标记、marquee 标记。
- 了解 CSS 样式的优先级问题。
- 掌握 CSS 样式及样式文件的创建方法。
- 掌握 CSS 美化文本标记的属性，如 font-size、font-family、color、text-indent、text-shadow。
- 掌握 CSS 伪类选择符的使用方法和注意事项。
- 掌握 CSS 类选择符的定义及其使用方法。
- 运用标记创建常见的网页文本元素，如段落、超链接、滚动字幕。
- 运用 CSS 属性实现文本元素的美化效果，如字体大小、字体颜色、文字阴影、段落缩进、超链接效果。

【学习重点见难点】

- 重点：p 标记、a 标记、URL。
- 难点：CSS 属性的使用及简写、伪类选择符、CSS 样式文件的使用。

子任务1 创建文本网页

效果展示

如图 2.1 和图 2.2 所示，使用常见的文本标记<p></p>，<h#></h#>等实现含有文本的网页。

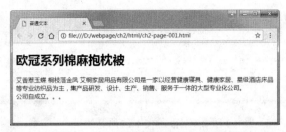

图 2.1　标题、段落文本的预览效果

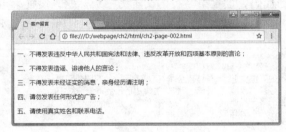

图 2.2　普通文本"留言板"

任务准备

（1）标题标记

<h#>#级标题</h#>，#可以取值 1~6，其中<h1>代表 1 级标题，级别最高，文字也最大，其他标题元素依次递减。

（2）段落标记

<p>段落文字</p>，双标记，在<p>开始标记和</p>结束标记之间的内容形成一个段落。如果省略结束标记，从<p>标记开始，直到遇见下一个段落标记之前的文本，都在一个段落内。

（3）换行标记

是一个单标记，作用是将文字在一个段内强制换行，在需要换行的位置添加
标记即可。一个
标记代表一个换行，连续的多个标记可以实现多次换行。

任务实现

① 打开 Dreamweaver，新建文档并保存为 html 文件夹下的 ch2-page-001.html，打开文档的"代码视图"。

② 复制 txt 文件夹中的 ch2-txt-001.txt 文本，粘贴到<body></body>标记对内，如图 2.3 所示，浏览效果如图 2.4 所示。

图 2.3　普通文本的代码视图窗口

图 2.4　普通文本的预览效果

③　如图 2.3 所示的代码，设置第 9 行的文本为一级标题，设置第 10 行的文本为段落文本，在"公司自成立……"前设置换行效果，代码如图 2.5 所示，浏览效果如图 2.6 所示。

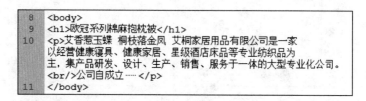

图 2.5　标题、段落文本的代码视图窗口

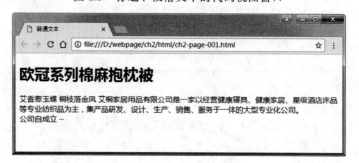

图 2.6　标题、段落文本的预览效果

同步训练

新建空文档，保存为 html 文件夹下的 ch2-page-002.html，创建"留言板"页面的"声明文字"效果，网页效果如图 2.7 所示。

提示： 文字来自 txt 文件夹中的 ch2-txt-002.txt 文件，注意<p>标签的使用。

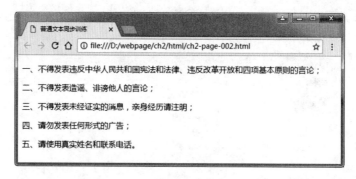

图 2.7　"留言板"页面的声明文字

知识拓展

HTML 中，普通文本除了段落文本、标题文本，还有一些特殊符号需要输入。

① 特殊符号以&开头，后面跟相关的特殊字符，如空格、版权符号等。常用特殊字符如表 2.1 所示。

表 2.1　特殊字符

显　示	说　明	HTML 编码
	不断行的空白格	\
<	小于	\<
>	大于	\>
&	&符号	\&
"	双引号	\"
©	版权	\©
®	已注册商标	\®
™	商标（美国）	\™
×	乘号	\×
÷	除号	\÷

② 当需要用一条线间隔上下内容时，可以使用 HTML 中水平线标签<hr />实现。

新建空文档，保存为 ch2-page-003.html，创建页脚导航及版权声明页，网页效果如图 2.8 所示。

图 2.8　网页页脚中的特殊字符

提示：文字来自 txt 文件夹中的 ch2-txt-003.txt 文件，注意水平线及版权符号的使用。

课后习题

根据前面学习的内容，实现 ch2-page-003.html 网页效果。

子任务 2　美化普通文本

效果展示

如图 2.9 和图 2.10 所示，使用 CSS 中常见的字体样式属性，如 font-family、font-size 等实现<p></p>、<h1></h1>等标记的美化。

单元 ② 网页元素

35

欧冠系列棉麻抱枕被

艾香惹玉蝶 桐枝落金凤 艾桐家居用品有限公司是一家以经营健康寝具、健康家居、星级酒店床品等专业纺织品为主，集产品研发、设计、生产、销售、服务于一体的大型专业化公司。公司自成立……

图 2.9 "产品展示"文字

图 2.10 "产品展示"文本在网页中的最终效果

任务准备

（1）CSS 样式文件

CSS 样式的定义，除了可以通过"内嵌式"的方式，以<style></style>标记对存在于 HTML 文件中外，很多时候是将 CSS 样式定义保存在单独的 CSS 文件中。CSS 文件的扩展名是".css"，本质上也是文本文件，可以使用记事本创建，也可以使用 Dreamweaver 等可视化工具进行创建。

（2）HTML 中链接外部 CSS 样式文件

HTML 中可以通过链接外部文件的方式，将 css 样式文件中的样式和当前的 HTML 文件产生联系，假如 CSS 样式文件为 "../style/ch2-css-001.css"，链接此样式文件的代码如下：

```
<link href="../style/ch2-css-001.css " rel= "stylesheet" type="text/css">
```

① rel 属性：规定当前文档与被链接文档之间的关系，该属性取值为"stylesheet"。

② type 属性：表示样式表类型为 CSS 样式表。

③ href 属性：指定 CSS 样式表所在的位置，此处表示与当前文件夹并列的 style 文件夹下名称为 ch1-css-001.css 的样式表文件。

Dreamweaver 中也提供了链接外部 CSS 样式的方法，如图 2.11 至图 2.12 所示，从 2.12 也可以看到，在链接外部的 CSS 文件时，也可以选择使用这个 CSS 样式的媒体（如 screen、print 等）。

图 2.11 面板中链接外部样式表按钮　　图 2.12 添加要链接的外部样式表文件

链接完成后，在设计视图中可以看到，自动生成的代码和在 HTML 文档中手动添加的链接方式的代码是一样的。相比于内部 CSS 样式，CSS 样式文件可以被多个 HTML 文件使用，可以避免重复定义，一处修改可以同时影响多处。

导入外部文件，从图 2.12 中可见，"添加为"的方式还可以选择"导入"，导入外部文件后，假如 CSS 样式文件为 "../style/ch2-css-001.css"，导入此样式文件的代码如下：

```
@import url("../style/ch2-css-001.css ");
```

导入外部 CSS 文件的方式和链接外部 CSS 文件的格式不一样，应用的也比较少，相当于内部样式表，作用范围是当前导入的 HTML 文件。

（3）CSS 中设置文字的字体样式属性：font-family

该属性用于指定文字的字体类型，如宋体、黑体、隶书等。语法格式为：

```
{font-family: name;}
```

（4）CSS 中设置文字的字号属性：font-size

该属性用于设定文字的字体大小，语法格式为：

```
{font-size: 数值;}
```

（5）CSS 中设置字体颜色的属性：color

该属性主要用来设置字体的颜色，语法格式为：

```
{color :数值;}
```

（6）Font 相关属性复合设置

为了使网页布局合理且文本规范，对字体设计需要使用多种属性，但是，多个属性分别书写相对比较麻烦，在 CSS 样式表中提供的 font 属性就解决了这一问题，又称为属性的简写方式。font 属性可以一次性地使用多个属性的属性值来定义文本字体。语法格式如下：

```
{font: font-style  font-weight  font-size  font-family}
```

font 属性中的属性排列顺序是 font-style、 font-weight 、font-size、font-family，各属性的属性值之间使用空格隔开，但是，如果 font-family 属性需要定义多个属性值，则需要使用逗号（,）隔开。

属性排列中，font-style 和 font-weight 属性可以自由调换，而 font-size 和 font-family 则必须按照固定的顺序出现，而且必须都出现在 font 属性中。如果这两者的顺序不对，或者缺少一个，那么整条样式规则可能就会被忽略。

任务实现

本任务用于美化 ch1-page-001.html 中的<h1>标记和<p>标记的文本，具体实现过程如下：

① 在 Dreamweaver 中打开网页 ch1-page-001.html，在代码视图或设计视图中右击，在弹出菜单中选择"CSS 样式"→"新建"命令，以新建样式表文件，如图 2.13 所示。

② 在弹出的"新建 CSS 规则"对话框中，在"选择器类型"中选择"标签（重新定义 HTML 元素）"，在"选择器名称"中输入 h1，在"规则定义"中选择"新建样式表文件"，如图 2.14 所示，单击"确定"按钮，保存新建的样式文件在 style 文件夹下，名为 ch2-css-001.css，此时可以看到 ch1-page-001.html 外部链接了 ch2-css-001.css 样式表文件，如图 2.15 中红框中代码所示。

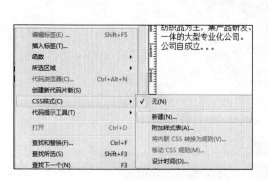

图 2.13　新建样式表文件 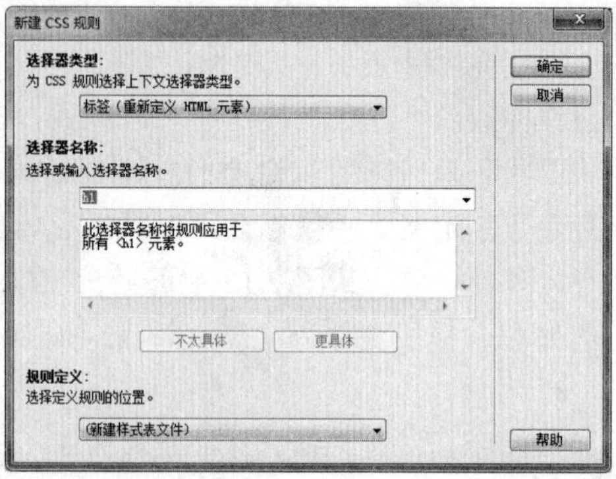　　　　图 2.14　"新建 CSS 规则"对话框

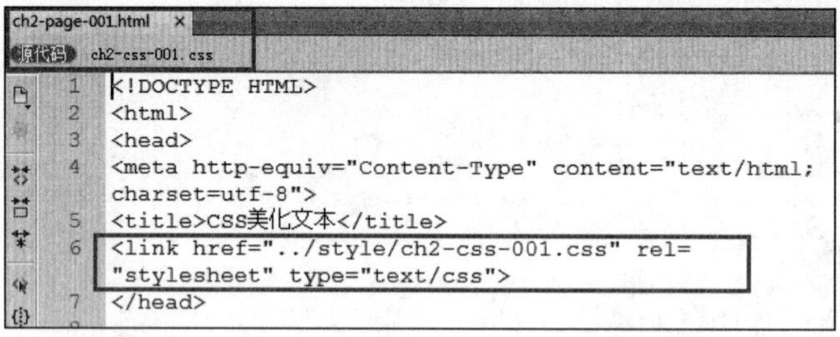

图 2.15　链接外部 CSS 文件

③ 在 ch2-css-001.css 中，设置 <h1>标记的字体为"微软雅黑"，字号为 24px，颜色为"#855f50"，文字对齐方式为居中对齐，CSS 代码如图 2.16 所示，保存文件后，浏览器预览效果如图 2.17 所示。

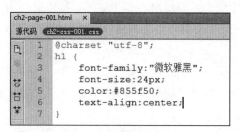

图 2.16　CSS 美化<h1>的代码 1

图 2.17　CSS 美化 <h1> 的预览效果 1

④ 设置 <p> 标记的样式：字体为"宋体"，字号为 12px，颜色为"#918381"，CSS 代码如图 2.18 所示，保存文件后，浏览器预览效果如图 2.19 所示。

```css
@charset "utf-8";
h1 {
    font-family:"微软雅黑";
    font-size:24px;
    color:#855f50;
    text-align:center;
}
p {
    font-family:"宋体";
    font-size:12px;
    color:#918381;
}
```

图 2.18　CSS 美化文本的代码 2

图 2.19　CSS 美化文本的预览效果 2

⑤ 继续设置 <p> 标记的样式，行高为 200%，首行缩进为 2 个字符，如图 2.20 所示，浏览器预览效果如图 2.21 所示。完整代码可参阅 html\ch2-page-001-finish.html 网页文件和 style\ch2-css-001.css 样式表文件。

```css
@charset "utf-8";
h1 {
    font-family:"微软雅黑";
    font-size:24px;
    color:#855f50;
    text-align:center;
}
p {
    font-family:"宋体";
    font-size:12px;
    color:#918381;
    line-height: 200%;
    text-indent: 2em;
}
```

图 2.20　CSS 美化文本的代码 3

图 2.21　CSS 美化文本的预览效果 3

同步训练

打开 ch2-page-002.html 网页文件，参照效果图（见图 2.22），设置文本的相关属性：字体为宋体，文字大小 12pt，文字颜色#918381。完整代码可参阅 html\ch2-page-002-finish.html 网页文件和 style\ch2-css-002.css 样式表文件。

图 2.22　美化后的留言板文本预览效果

知识拓展

关于字体的设置还有其他 CSS 样式，可以通过这些样式设置不一样的文本效果。

（1）CSS 的 font-style 属性

通常用来定义字体风格，即字体的显示样式。属性值有 4 个，如表 2.2 所示。

表 2.2　font-style 属性

属 性 值	描　　述
normal	默认值。浏览器显示一个标准的字体样式
italic	浏览器会显示一个斜体的字体样式
oblique	浏览器会显示一个倾斜的字体样式
inherit	规定应该从父元素继承字体样式

（2）CSS 的 font-weight 属性

可以定义字体的粗细程度。属性含义如表 2.3 所示。

表 2.3　font-weight 属性

属 性 值	描　　述
normal	默认值。定义标准的字符
bold	定义粗体字符
bolder	定义更粗的字符
lighter	定义更细的字符
100~900	定义由粗到细的字符。400 等同于 normal，而 700 等同于 bold

（3）CSS 的 text-decoration 属性

文本修饰属性，该属性可以为页面提供文本的多种修饰效果。属性值的含义如表 2.4 所示。

表 2.4　text-decoration 属性

属 性 值	描　　述
none	默认。定义标准的文本
underline	定义文本下的一条线
overline	定义文本上的一条线
line-through	定义穿过文本的一条线
blink	定义闪烁的文本

（4）CSS 的长度单位

为保证页面元素能够在浏览器中完全显示，又要合理布局，就需要设定元素间的间距及元素本身的边界等，这都离不开长度单位的使用。CSS 中常用长度单位如表 2.5 所示。

表 2.5　CSS 长度单位

单　位	描　　述
%	百分比，相对于元素的父容器
in	英寸
cm	厘米
mm	毫米
em	相对单位，1em 等于当前的字体尺寸。2em 等于当前字体尺寸的两倍。例如，如果某元素以 12pt 显示，那么 2em 是 24pt。 在 CSS 中，em 是非常有用的单位，因为它可以自动适应用户所使用的字体
ex	一个 ex 是一个字体的 x-height。x-height 通常是字体尺寸的一半
pt	磅（1 pt 等于 1/72 英寸）
pc	12 点活字（1 pc 等于 12 点）
px	像素（计算机屏幕上的一个点）

 课后习题

根据前面学习的内容，巩固知识拓展的内容，归纳总结不同的 CSS 长度单位的优缺点。

Internet 将互联网世界内的所有 Web 页面"关联"在一起，这归功于"超链接"技术。超链接是网页的重要组成部分，相对于文本、图像等网页元素，超链接是网站的神经系统，实现网页互联、网站互通。接下来的两个子任务介绍在网页中创建超链接文本及美化超链接文本。

子任务3　创建超链接文本

效果展示

如图 2.23 所示，使用 HTML 中常见的<a></a>等标记网页中的超链接文本。

图 2.23　网页间的超链接

任务准备

（1）URL 的类型分为绝对 URL 和相对 URL

① 绝对 URL 一般用于访问不是同一台服务器上的资源。

② 相对 URL 是指访问同一台服务器上相同文件夹或不同文件夹中的资源。如果访问相同文件夹中的文件，只需要写文件名即可；如果访问不同文件夹中的资源，URL 以某一级结点为基准，通过文档之间的相对关系来进行文件的访问。假设网页文件名为 webpage.html，子目录名称为 subdir，具体如下：

a. 链接到同一目录内的网页文件：<a href="webpage.html">热点文本</a>。

b. 链接到下一级目录中的网页文件：<a href="subdir/webpage.html">热点文本</a>。

c. 链接到上一级目录中的网页文件：<a href="../webpage.html">热点文本</a>。

d. 链接到同级目录中的网页文件：<a href="../subdir/webpage.html">热点文本</a>。

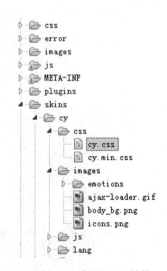

图 2.24　树型目录结构

③ 假设目录结构如图 2.24 所示。

在 cy.css 中，在根目录中的一个 index.html 文件被引用到如下代码：

```
body {
    background-image: url("/skins/cy/images/icons.png");
}
```
但首页背景没有效果显示，如图 2.25 所示。

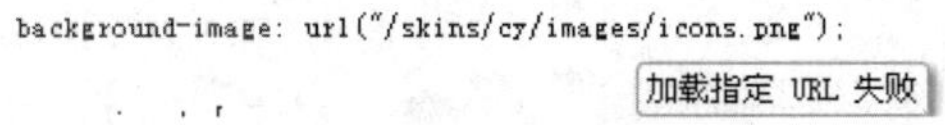

background-image: url("/skins/cy/images/icons.png");

加载指定 URL 失败

图 2.25　加载失败效果图

用相对定位，在相对定位中，当前位置就是 CSS 文件所在的目录。改为：

`background-image: url("../images/icons.png");`

此时就可以正常显示背景图片。

（2）HTML 中的超链接标记：<a></a>

实现 Web 中文件之间的链接，几乎在所有的网页中都可以找到链接。单击链接可以从一张页面跳转到另一张页面。超链接可以是一个字、一个词或者一组词，也可以是一幅图像，可以单击这些内容来跳转到新的文档或者当前文档中的某个部分。语法如下：

`<a href="url">Link text</a>`

其中：

① href 属性规定链接的文件。

② "Link text" 称为热点文本，不可缺少，默认以特殊的文字样式（超链接文字样式）进行显示。

③ 若为空链接，则用 "#" 代替 URL：<a href="#"> 热点文本</a>。

任务实现

① 打开 html 文件夹中的 ch2-page-004.html（产品展示页面）和 ch2-page-005.html（客户留言页面），分别在浏览器中预览。此时两个文件没有任何联系。

② 为 ch2-page-004.html 顶部的 "客户留言" 设置到 ch2-page-005.html 的超链接，如图 2.26 所示，保存网页，预览效果，能直接打开 ch2-page-005.html 文件，这两个文件之间通过 "客户留言" 热点文本建立了链接。

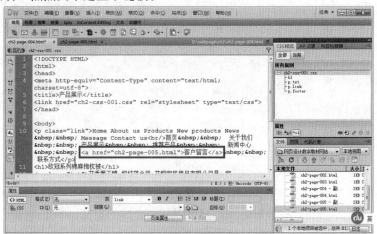

图 2.26　文本超链接的代码

③ 热点文本有别于普通的文本，打开网页预览时，可以看到特殊的蓝色下画线文本，实际上就是超链接文本正常状态下的一种样式，如图 2.27 所示。

图 2.27　文本超链接的预览效果

同步训练

为 ch2-page-005.html 顶部和底部的"产品展示"设置到 ch2-page-004.html 的超链接，效果如图 2.28 所示。完整代码参见 ch2-page-009.html 和 ch2-page-008.html 网页文件。

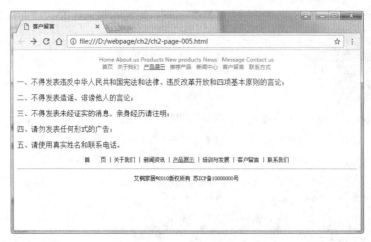

图 2.28　文本超链接的同步训练

知识拓展

（1）创建网页内的链接

页面内的超链接的实现分为两个步骤：

① 首先要命名锚记，使用<a>标记，但是必须使用 name 属性定义锚记的名称。

② 然后建立到锚记的超链接，使用<a>标记，href 属性的属性值是"#锚记名"。

打开 ch2-page-006.html 网页文件，为文档中的文本《Reach》设置网页内的链接，如图 2.29（a）所示；单击超链接可跳转到本网页内词曲介绍的正文，如图 2.29（b）所示；完整代码参见 ch2-page-006-finish.html 网页文件。

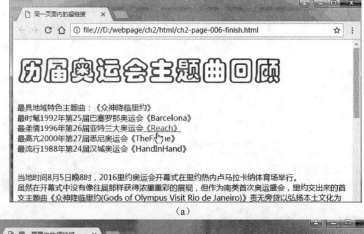

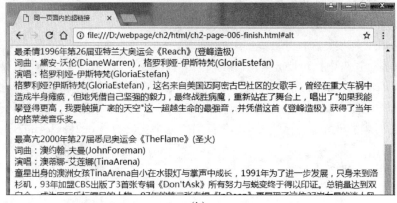

图 2.29　锚点超链接的跳转

实现提示：

① 在 ch2-page-006.html 网页文件第 31 行词曲介绍的正文前面添加命名锚记，并命名为"alt"，代码为：

```
<a name="alt"></a>最柔情1996年第26届亚特兰大奥运会《Reach》(登峰造极)
```

② 在 ch2-page-006.html 网页文件第 19 行、文档顶部的文字"《Reach》"设置到上述命名锚记的超链接，代码为：

```
最柔情1996年第26届亚特兰大奥运会<a href="#alt">《Reach》</a>
```

（2）创建电子邮件链接

打开 ch2-page-007.html 网页文件，为页面底部的"联系我们"添加电子邮件链接，页面效果如图 2.30 所示，完整代码参见 ch2-page-007-finish.html。

实现提示：

电子邮件链接的代码如下：

```
<a href="mailto:02024@gench.edu.cn">联系我们</a>
```

（3）在新窗口打开超链接

默认情况下，当单击超链接时，目标页面会在当前窗口中显示，替换当前页面的内容，使用<a>标签的 target 属性可以设置目标页面在不同窗口中显示：

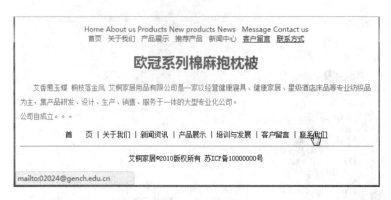

图 2.30　电子邮件链接

_blank：在新窗口中打开被链接文档。

_self：默认。在相同的框架中打开被链接文档。

_parent：在父框架集中打开被链接文档。

_top：在整个窗口中打开被链接文档。

打开 ch2-page-007.html 网页文件，修改"客户留言"超链接，使得在浏览器新窗口中打开链接，页面效果如图 2.31 所示，可以看到浏览器打开了两个标签页，"产品展示"标签页是超链接前，而"客户留言"标签页是超链接后，完整代码参见 ch2-page-007-finish.html。

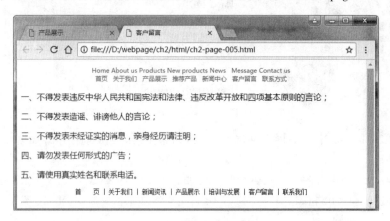

图 2.31　在新窗口中打开链接

提示：代码为 <a href="ch2-page-005.html" target="_blank">客户留言</a>。

（4）文件下载

浏览器的本质是解释文本文件，当遇到不能解释的文本类型时就会变成下载的形式。

打开 ch2-page-007.html 网页文件，为页面顶部的"联系方式"添加文件下载，用户单击"联系方式"时，会下载一份 assets 文件夹下的 contact.rar 压缩文件，页面效果如图 2.32 所示，完整代码参见 ch2-page-007-finish.html。

提示：代码为 <a href=" a href="../assets/contact.rar ">联系方式</a>。

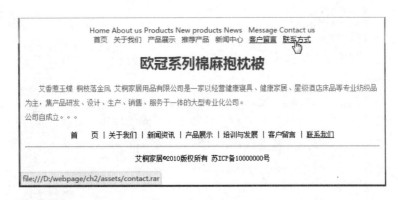

图 2.32　文件下载

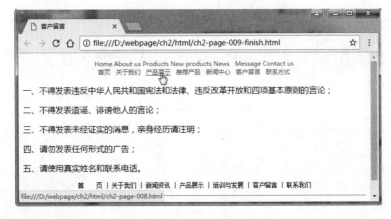
图 2.33　美化超链接效果展示

课后习题

① 完成 ch2-page-006.html 网页，创建网页内的链接，效果参见图 2.29。

② 完成 ch2-page-007.html 网页，创建电子邮件链接、文件下载和在新窗口打开链接，效果参见图 2.30~图 2.32 所示。

子任务4　美化超链接文本

效果展示

如图 2.33 所示，使用 CSS 中的伪类选择符 a:hover、a:visited 等改变默认的浏览器超链接样式，达到美化的效果。

任务准备

超链接的不同状态

超链接文本作为特殊的文本，具有 4 种不同的状态，具体如下：

① a:link：普通的、未被访问的链接。

② a:visited：用户已访问的链接。

③ a:hover：鼠标指针位于链接的上方。

④ a:active：链接被点击的时刻。

当为链接的不同状态设置样式时，请按照以下次序规则：

① a:hover 必须位于 a:link 和 a:visited 之后

② a:active 必须位于 a:hover 之后

从上面的例子中可以看到每种不同的状态都具有不同的样式，同样，通过 CSS 也可以设置这些状态，产生不同的超链接文本效果，CSS 中把这些特殊的状态设置称为伪类选择符。

任务实现

① 在 Dreamweaver 中打开 ch2-page-009.html 网页文件。

② 打开 ch2-css-004.css 样式表文件，编写伪类选择器，去掉默认的文本超链接样式（蓝色下画线、单击时文本颜色变为红色），设置超链接文字颜色为蓝色、没有下画线；鼠标指针悬停在超链接文字上时文字颜色为紫红色、带下画线，代码如图 2.34 所示。

```
22  p.footer{
23      font-family:"宋体";
24      font-size:12px;
25      text-align:center;
26  }
27  a {
28      color: #00F;
29      text-decoration: none;
30  }
31  a:hover {
32      text-decoration: underline;
33      color: #F0F;
34  }
35
```

图 2.34　文本超链接美化的代码

③ 浏览器预览效果如图 2.35 所示。

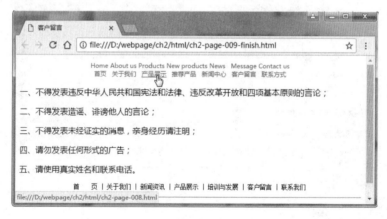

图 2.35　文本超链接美化的预览效果

同步训练

打开 ch2-page-008.html 网页文件，设置超链接文字颜色为绿色、没有下画线；鼠标指针悬停在超链接文字上时文字颜色为紫红色、没有下画线、斜体，浏览器预览效果如图 2.36 所示。

提示：绿色为#0F0，紫红色为#F0F。完整代码参见 html\ch2-page-008-finish.html 网页文件和 style\ ch2-css-008.css 样式表文件。

图 2.36　文本超链接美化的同步训练

知识拓展

（1）CSS 控制光标的属性：cursor

通过 cursor 属性可以改变光标在目标元素上的形状，支持的主要属性如表 2.6 所示。

表 2.6　cursor 可能的属性值

值	描　述
all-scroll	十字箭头光标
default	默认光标（通常是一个箭头）
auto	默认。浏览器设置的光标
crosshair	光标呈现为十字线
pointer	光标呈现为指示链接的指针（一只手）
move	此光标指示某对象可被移动
e-resize	此光标指示矩形框的边缘可被向右（东）移动
ne-resize	此光标指示矩形框的边缘可被向上及向右移动（北/东）
nw-resize	此光标指示矩形框的边缘可被向上及向左移动（北/西）
n-resize	此光标指示矩形框的边缘可被向上（北）移动
se-resize	此光标指示矩形框的边缘可被向下及向右移动（南/东）
sw-resize	此光标指示矩形框的边缘可被向下及向左移动（南/西）
s-resize	此光标指示矩形框的边缘可被向下移动（南）
w-resize	此光标指示矩形框的边缘可被向左移动（西）
text	此光标指示文本
progress	带沙漏的箭头光标
no-drop	禁止光标
wait	此光标指示程序正忙（通常是一只表或沙漏）
help	此光标指示可用的帮助（通常是一个问号或一个气球）

不同 cursor 属性值的效果如图 2.37 所示。

| 十字箭头光标 | 十字线光标 | 禁止光标 | 禁止光标 | 手形光标 | 文本编辑光标 | 沙漏光标 |
| 可向上拖动的光标 | 下、右可拖动的光标 | 代表移动十字箭头光标 | 带问号的箭头光标 | 带沙漏的箭头光标 | 垂直拖动线光标 | 垂直文本编辑光标 |

图 2.37　不同 cursor 属性值的光标效果示意图

其对应的 HTML 代码如下：

```
<div style="cursor:all-scroll;">十字箭头光标</div>
<div style="cursor:crosshair;">十字线光标</div>
<div style="cursor:no-drop;">禁止光标</div>
<div style="cursor:not-allowed">禁止光标</div>
<div style="cursor:pointer;">手形光标</div>
<div style="cursor:text;">文本编辑光标</div>
<div style="cursor:wait;">沙漏光标</div>
<div style="cursor:n-resize;">可向上拖动的光标</div>
<div style="cursor:se-resize;">下、右可拖动的光标</div>
<div style="cursor:move;">代表移动十字箭头光标</div>
<div style="cursor:help;">带问号的箭头光标</div>
<div style="cursor:progress;">带沙漏的箭头光标</div>
<div style="cursor:row-resize;">垂直拖动线光标</div>
<div style="cursor:vertical-text;">垂直文本编辑光标</div>
```

（2）CSS 样式的使用

从光标属性 cursor 的使用可以看到，CSS 样式的使用除了前面提到的内部样式、外部文件样式，还有行内样式。行内样式作用在具体的 HTML 标记，一般适用于需要精确控制一个 HTML 标记的表现，不会影响到任何其他标记。为此，HTML 标记增加了一个 style 通用属性，属性值就是一个或者多个 CSS 的样式定义。其使用的格式如下：

```
style="属性 1: 属性值; 属性 2: 属性值; …"
```

注意：属性值多个 css 样式定义之间以英文分号分隔。

（3）CSS 优先级

针对不同的 CSS 样式，相同的样式出现在不同的地方，或者一个样式在不同的地方定义了不同的值等情况，都会存在一个优先级问题。一般来说，CSS 样式的优先级是就近原则（离被设置元素越近优先级别越高）：行内样式（标记内部）>内部样式表（当前文件中）> 导入样式表（当前文件中）> 外部样式表（外部文件中）>浏览器默认的样式。

针对不同的 CSS 选择符，一般来说，CSS 的优先级是：伪类选择符>id 选择符>类选择符>复合选择符。

有些特殊的情况需要为某些样式设置具有最高优先级，可以使用!important，比如：

```
.txtClass{   color:blue !important;   }
```

不论.txtClass 在其他地方设置了什么颜色，都以这里的 blue（蓝色）为准。

课后习题

① 使用 cursor 属性修改默认的超链接光标样式。

② 通过在不同位置设置超链接光标样式，验证 CSS 优先级。

子任务 5　创建滚动文本

效果展示

如图 2.38 所示，使用 HTML 中的< marquee ></ marquee >标记实现网页中的滚动新闻。

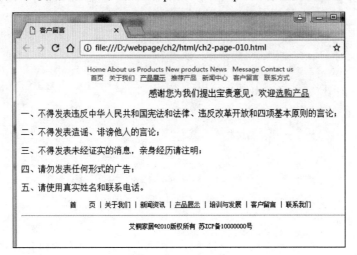

图 2.38　滚动字幕

任务准备

HTML 中的<marquee>标签：作用是在一个区域插入滚动的文本。

常用属性如下：

① behavior：可用的值为 scroll（滚动）、slide（滑动），默认是 scrollbgcolor 设置背景色。

② direction：设置方向，可用的值为 left、right、up、down，默认值是 left。

③ height：设置高度。

④ width：设置高度。

任务实现

① 在 Dreamweaver 中打开 ch2-page-009.html 网页文件。

② 定位到源代码的第 11 行，在导航栏下添加一条滚动字幕，代码如下：

<marquee>感谢您为我们提出宝贵意见，欢迎选购产品</marquee>

保存文档，在浏览器中的预览效果如图 2.39 所示。

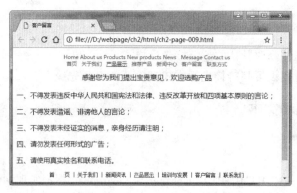

图 2.39　<marquee>滚动字幕

③ 为滚动字幕中的"选购产品"设置到 ch2-page-008.html 的超链接，代码如下：

```
<marquee>感谢您为我们提出宝贵意见，欢迎<a href="ch2-page-008.html">选购产品
</a></marquee>
```

保存文档，在浏览器中的预览效果如图 2.40 所示。

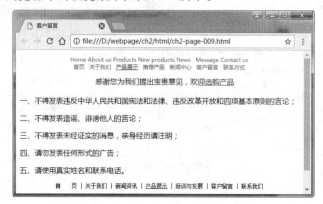

图 2.40　<marquee>滚动字幕带超链接

④ 添加鼠标经停效果，即鼠标指针移上去停止滚动，鼠标指针移开继续滚动，代码为：

```
<marquee onmouseout="this.start();" onmouseover="this.stop();">感谢您为
我们提出宝贵意见，欢迎<a href="ch2-page-008.html">选购产品</a></marquee>
```

页面效果如图 2.41 所示，完整代码参见 ch2-page-010.html。

图 2.41　滚动字幕

同步训练

打开 ch2-page-010.html 网页文件，设置滚动字幕的滚动方向为从左向右，浏览器预览效果如图 2.42 所示（direction 为 right，背景色 bgcolor 为#FF0）。完整代码参见 ch2-page-010-finish.html。

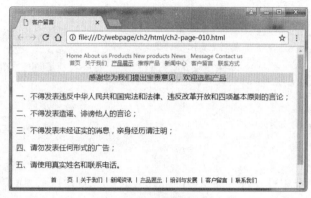

图 2.42　滚动字幕同步

课后习题

使用<marquee>标记对的 behavior 属性设置滚动文本。

子任务 6　设计制作网站特效文字

效果展示

CSS3 中增加了很多新的属性，用于实现特效，如图 2.43 和图 2.44 所示，本任务使用 text-shadow 属性实现文本的阴影效果。

图 2.43　网站 logo 特效

图 2.44　文字阴影特效字

任务准备

（1）CSS3 的文本阴影属性：text-shadow

这是 CSS3 新增的属性，主要用于向文本添加阴影效果，代码格式如下：

```
{text-shadow: h-shadow v-shadow blur color; }
```

其中：

h-shadow：水平阴影的位置，允许负值。

v-shadow：垂直阴影的位置，允许负值。

blur：模糊的距离（可选）。

color：阴影的颜色（可选）。

（2）CSS 的类（class）选择符

不同于标记选择符，类选择符的作用是为一种 html 标记定义不同的样式或者为不同的标记定义相同的样式，其语法格式为：

> 标记.类名称 {属性:属性值；属性:属性值 ...}
>   .类名称 {属性:属性值；属性:属性值 ...}

不同于标记选择符，类选择符在定义时是通过"."来进行标识的，而且是独立于 HTML 标记的。类选择符在 HTML 标记中的使用方法为：

> `<标记 class="类名称"></标记>`
> `<标记 class="类名称1 类名称2..."></标记>`

任务实现

① 在 Dreamweaver 中打开 ch2-page-011.html 网页文件，此时网页浏览效果如图 2.45 所示。

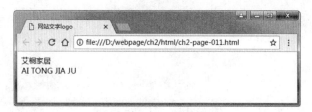

图 2.45　网站 Logo 文字

② 在内嵌的样式表代码中，建立类选择符：txtlogo，为文字设置基本的字体、颜色，代码如下：

```css
.txtlogo {
    font-family: "方正细珊瑚简体";
    color:#855f50;
}
```

③ 接下来，HTML 中的文字使用类选择符，HTML 中的代码如下：

```html
<span class="txtlogo">艾桐家居</span><br>
<span class="txtlogo">AI TONG JIA JU</span>
```

浏览网页。

④ 根据效果图，需要设置两行字体不一样的字体大小，所以在内嵌的样式表代码中，继续建立两个类选择符：.txtlogo1 和.txtlogo2，分别应用于不同的文字，此时的样式设置如图 2.46 所示。

```
 6   <style type="text/css">
 7   .txtlogo {
 8       font-family: "方正细珊瑚简体";
 9       color:#855f50;
10   }
11   .txtlogo1 {
12       font-size: 54px;
13   }
14   .txtlogo2 {
15       font-size: 34px;
16   }
17   </style>
```

图 2.46　CSS 类选择符的定义

⑤ HTML 中的文字分别使用类选择符，此时 HTML 中的代码如下：

```
<span class="txtlogo txtlogo1">艾桐家居</span><br>
<span class="txtlogo txtlogo2">AI TONG JIA JU</span></p>
```

浏览网页，效果如图 2.47 所示。

图 2.47　文字 logo 的预览效果

注意：如果在设置 CSS 样式时，没有看到"方正细珊瑚简体"的字体效果而是浏览器默认的字体，请安装字库 FZXSHJW.TTF 文件。如果是不常用的字体，且用户没有安装该字库时，用户浏览时也看不到该字体效果，所以设置字体时尽量使用常用字体，并设置备用字体。

⑥ 继续设置文字阴影效果，由于两行文字都具有阴影效果，所以代码添加到类选择符"txtlogo"样式的定义中，代码如下：

```
{text-shadow:3px 3px 5px #f0f0f0,-3px -3px 5px #f0f0f0; }
```

浏览效果如图 2.48 所示，完整代码参见 ch2-page-011-finish.html。

图 2.48　文字 logo 阴影的预览效果

注意：<span>标记没有特别的含义，用在这里是为了对一个段落内的文字设置不同的样式。

📖同步训练

新建空文档，录入文字"价格实惠，质量上乘"，保存为 ch2-page-012.html，设置文本的字体为"微软雅黑"，字号为 32px，颜色为白色；设置"实惠"的字体为"华文中宋"，字号为 54px；添加阴影效果的代码为"text-shadow:-1px 0 #855f50,0 1px #855f50,1px 0 #855f50,0 -1px #855f50;"网页效果如图 2.49 所示。

提示：同一个段落中文字"实惠"的样式不同，要为文字"实惠"设置<span>标记，再为<span>标记设置不同的样式。

图 2.49　文字"实惠"的预览效果

知识拓展

（1）CSS 的 text-overflow 属性

主要用于规定当文本溢出包含元素时发生的事情，其基本语法格式为：

```
{text-overflow: clip | ellipsis | string; }
```

其中，

clip：修剪文本。

ellipsis：显示省略符号来代表被修剪的文本。

string：使用给定的字符串来代表被修剪的文本。

（2）CSS3 新增的服务器字体

在 CSS3 之前，开发网页时，如果设置了比较特殊的字体，客户端浏览器没有安装这种字体，那么浏览器的显示效果就会有偏差。CSS3 新增了服务器字体，也就是如果客户端没有安装的话，可以选择从服务器端下载字体，以避免出现显示效果的偏差。但由于从服务器下载字体，会涉及下载速度等问题，所以服务器端字体不宜使用过多，建议优先使用客户端字体。语法格式如下：

```
@font-face{
        font-family:name;
        src:url(url) format(font-format);
}
```

到目前为止，服务器字体还只支持 TrueType 格式和 OpenType 格式。

例如，CSS 中定义使用服务器字体，代码如下：

```
<style type="text/css">
    /* 定义服务器字体，字体名为 CrazyIt
    服务器字体对应的字体文件为 Blazed.ttf */
    @font-face {
        font-family: CrazyIt;
        src: url("Blazed.ttf") format("TrueType");
    }
</style>
```

HTML 中使用服务器字体，代码如下：

```
<!-- 指定 CrazyIt 字体，这是服务器字体 -->
<div style="font-family:CrazyIt;font-size:36pt">
Our domain is Http://www.crazyit.org
</div>
```

（3）优先使用客户端字体

```
@font-face{
    font-family:CrazyIt;
    src:local("Goudy Stout"), url("Blazed.ttf") format("TrueType");
        }
```

其中，local 属性指定客户端字体，url 属性指定服务器端字体。

课后习题

巩固课上所学内容以及"知识拓展"部分关于文本属性的一些设置，修改任务中的"文字 logo"。

任务 2　创建和美化网页图像元素

图像元素是网页中另外一个非常重要的元素，CSS3 新增很多属性，可以直接设置网页图像元素的特效，而不需要在图像处理软件中事先进行处理，加快了网页元素的加载速度。本任务主要讲述如何在网页中添加（背景）图像、美化图形以及创建特效图像。

【学习目标】

- 了解图像元素的多种表现形式。
- 理解 HTML 标记的嵌套的含义及其重要性。
- 理解 CSS 样式的继承性、优先级问题。
- 掌握 CSS 样式的多种使用方式。
- 掌握图像标记的格式、规范以及常见的属性的含义。
- 掌握 CSS 的属性的含义以及使用方法，如 border、background、border-radius、box-shadow、transform 等。
- 运用图像标记创建常见的网页图像元素。
- 学会使用图像标记实现超链接效果。
- 运用 CSS 相关属性实现图像元素的边框、阴影、圆角等效果。
- 运用 CSS 的相关属性实现网页（元素）的背景图像（颜色）的设置。

【学习重点与难点】

- 重点：图像标记、border 属性、background 属性。
- 难点：border-radius 属性，border 属性。

子任务 1　创建图文网页

效果展示

如图 2.50~图 2.52 所示，使用 HTML 中的<img/>标记实现图文网页，使用 CSS 中的 border 属性实现图像的边框美化效果。

图 2.50　图文网页效果图 1

图 2.51　图文网页效果图 2

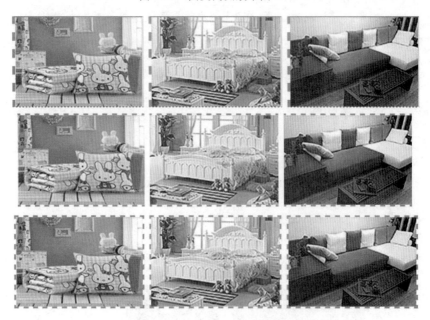

图 2.52　更改 border 属性的效果图

任务准备

（1）素材准备

网页素材 html\ch2-page-004.html，images 文件夹中的图片素材。

（2）HTML 中的图像标记：<img/>

在网页中定义图像，是单标记，语法格式为：

```
<img src="url" alt="text" />
```

从技术上讲，<img>有两个必需的属性：src 属性 和 alt 属性。

① alt：规定图像的替代文本。

② src：规定显示图像的 URL。

另外<img>还有一些可选属性，其中常用的是 title 属性，即鼠标滑过图像时显示的文字提示；还有 align 属性，即定义图像相对于周围元素的水平和垂直对齐方式，属性值如表 2.7 所示。

表 2.7　<img> 标签的 align 属性

值	描　　述
left	把图像对齐到左边
right	把图像对齐到右边
middle	把图像与中央对齐
top	把图像与顶部对齐
bottom	把图像与底部对齐

（3）CSS 的 border 属性

用来设置边框，有如下的具体属性设置：

border-style：规定边框的样式，可能的值如表 2.8 所示。

表 2.8　border-style 属性值

值	描　　述
none	定义无边框
hidden	与 none 相同。不过应用于表时除外，对于表，hidden 用于解决边框冲突
dotted	定义点状边框。在大多数浏览器中呈现为实线
dashed	定义虚线。在大多数浏览器中呈现为实线
solid	定义实线
double	定义双线。双线的宽度等于 border-width 的值
groove	定义 3D 凹槽边框。其效果取决于 border-color 的值
ridge	定义 3D 垄状边框。其效果取决于 border-color 的值
inset	定义 3D inset 边框。其效果取决于 border-color 的值
outset	定义 3D outset 边框。其效果取决于 border-color 的值

如图 2.53 所示，给网页中的图像标记<img>设置边框样式，代码如下：

```
img{
  border-style:dashed;
}
```

图 2.53　更改 border 属性的边框样式

border-width：规定边框的宽度，可能的值如表 2.9 所示。

表 2.9　border-width 属性值

值	描　　述
thin	定义细的边框
medium	默认。定义中等的边框
thick	定义粗的边框
length	允许自定义边框的宽度
inherit	规定应该从父元素继承边框宽度

如图 2.54 所示，给图像设置边框宽度，代码如下：

```
img{
    border-style:dashed;
    border-width:thin;
}
```

图 2.54　更改 border 属性的边框宽度

border-color：规定边框的颜色，可能的值如表 2.10 所示。

表 2.10　border-color 属性值

值	描　　述
color_name	规定颜色值为颜色名称的边框颜色（如 red）
hex_number	规定颜色值为十六进制值的边框颜色（如 #ff0000）
rgb_number	规定颜色值为 rgb 代码的边框颜色（如 rgb(255,0,0)）
transparent	默认值。边框颜色为透明
inherit	规定应该从父元素继承边框颜色

如图 2.55 所示，继续给前面的图像设置边框颜色，替换掉默认的颜色，代码如下：

```
img{
    border-style:dashed;
    border-width:thin;
    border-color:#F0F;
}
```

图 2.55　更改 border 属性的边框颜色

（4）标记的合理嵌套

Html 标签大多都是双标记，根据网页的内容构建需要，会有标记内部含有其他标记的情况，我们称之为标记的嵌套，但是嵌套也有规则，不能随意嵌套。例如：

\<body>\<p>段落内容\</p>\</body>，这是正确的写法。

\<body>\<p>段落内容\</body>\</p>，这是错误的写法。

标记的合理嵌套，不仅仅是 HTML 标记的自身需求，也是 CSS 选择器、JavaScript 脚本能够正确选择相应的 HTML 标记的前提。

任务实现

① 在 Dreamweaver 中打开素材 ch2-page-004.html 网页文件。

② 代码视图中，在 12 行文字介绍的下一行添加图像，代码为：

```
<img src="../images/B1.png">
```

浏览效果如图 2.56 所示。注意引用图片文件时使用了相对路径，很多时候使用浏览器浏览时读不到图片，都是路径错误引起的问题。

图 2.56　创建图文网页

③ 继续为 B1.png 图像设置水平居中。方法为：图像标记\<img>用\<p>标记包围，\<p>标记添加 align 属性，代码为：

```
<p align="center"><img src="../images/B1.png"></p>
```

浏览效果如图 2.57 所示。

注意：直接对\<img>标记设置 align 属性没有作用。

④ 在 13 行图像的下一行添加 5 个缩略图及"上一个""下一个"按钮的图片，注意图像仍然水平居中，代码如图 2.58 所示，效果如图 2.59 所示。完整代码参见 ch2-page-013.html 网页文件。

图 2.57　设置图像水平居中对齐

```
13   <p align="center"><img src="../images/B1.png"></p>
14   <p align="center"><img src="../images/previousP.png">
15   <img src="../images/S1.png">
16   <img src="../images/S2.png">
17   <img src="../images/S3.png">
18   <img src="../images/S4.png">
19   <img src="../images/S5.png">
20   <img src="../images/nextP.png"></p>
```

图 2.58　缩略图的代码

图 2.59　添加缩略图及按钮

同步训练

打开素材 ch2-page-014.html 网页文件，此时网页浏览效果如图 2.60 所示；在该页面基础上完成产品列表页面，图片素材使用 images 文件夹下的 P1.jpg~P9.jpg，完成效果如图 2.61 所示。完整代码可参阅 ch2-page-014-finish.html 文件。

图 2.60　素材文件效果图

图 2.61　产品列表

提示：巩固换行标记
、图片水平居中、边框属性<border>等知识点，其中图像边框的 CSS 代码如下：

```css
img{
    border-style:solid;
    border-width:medium;
    border-color:#e3e1df;
}
```

知识拓展

（1）CSS 的 border 属性设置图像的边框

① 为 4 个边框设置不同的颜色、样式和粗细，浏览效果如图 2.62 所示；该效果的 CSS 规则定义对话框设置如图 2.63 所示。

图 2.62　border 属性效果图 1

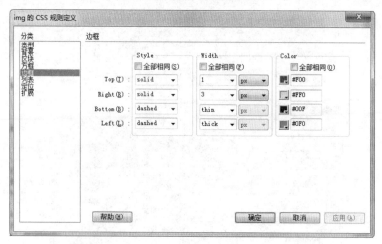

图 2.63　border 属性 CSS 定义对话框 1

CSS 定义对话框中所对应的 CSS 代码如图 2.64 所示。

```
img{
    border-top-width: 1px;
    border-right-width: 3px;
    border-bottom-width: thin;
    border-left-width: thick;
    border-top-style: solid;
    border-right-style: solid;
    border-bottom-style: dashed;
    border-left-style: dashed;
    border-top-color: #F00;
    border-right-color: #FF0;
    border-bottom-color: #00F;
    border-left-color: #0F0;
}
```

图 2.64　border 属性对应的 CSS 代码 1

与 CSS 的 font 属性类似，border 属性也可以有简写的形式，如上述代码使用 border 简写属性来完成的代码如图 2.65 和图 2.66 所示。

```
img{
    border-top: 1px solid #F00;
    border-right:3px solid #FF0;
    border-bottom:thin dashed #00F;
    border-left:thick dashed #0F0;
}
```

图 2.65　border 属性简写代码 1

```
img{
    border-width:1px 3px thin thick;
    border-style:solid dashed;
    border-color:#F00 #FF0 #00F #0F0;
}
```

图 2.66　border 属性简写代码 2

②　只为两个边框设置效果，浏览效果如图 2.67 所示；CSS 规则定义对话框的设置如图 2.68 所示。

图 2.67　border 属性效果图 2

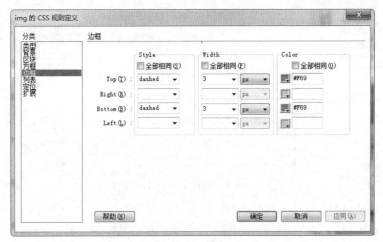

图 2.68　border 属性 CSS 定义对话框 2

CSS 定义对话框中所对应的 CSS 代码如图 2.69 所示。

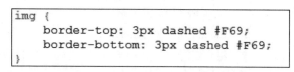

```
img {
    border-top: 3px dashed #F69;
    border-bottom: 3px dashed #F69;
}
```

图 2.69   border 属性对应的 CSS 代码 2

③ 为 4 个边框设置相同的 border 效果，浏览效果如图 2.70 所示；CSS 规则定义对话框的设置如图 2.71 所示。

图 2.70   border 属性效果图 3

图 2.71   border 属性 CSS 定义对话框 3

CSS 定义对话框中所对应的 CSS 代码如图 2.72 所示。

```
img{
    border: 3px dashed #F69;
}
```

图 2.72   border 属性对应的 CSS 代码 3

（2）图像超链接的设置

图像也可以实现超链接的功能，如图 2.73 所示；单击其中的缩略图，可以超链接打开相对应的大图像所在的页面，如图 2.74 所示。图像超链接其实就是把图像作为"热点文本"，HTML 代码如下：

```
<a href="ch2-page-013-1.html"><img src="../images/S1.png" alt="小图 S1"
title="小图 S1 标题" align="middle"></a>
```

这里要注意 HTML 标记的合理嵌套。实现上述效果的最终代码如图 2.75 所示。

图 2.73 图片超链接

图 2.74 图片超链接打开的网页

```
13  <p align="center"><img src="../images/B1.png"><p>
14  <p align="center"><img src="../images/previousP.png">
15  <a href="ch2-page-013-1.html"><img src="../images/S1.png" alt="小图S1" title="小图S1标题"></a>
16  <a href="ch2-page-013-2.html"><img src="../images/S2.png" alt="小图S2" title="小图S2标题"></a>
17  <a href="ch2-page-013-3.html"><img src="../images/S3.png" alt="小图S3" title="小图S3标题"></a>
18  <a href="ch2-page-013-4.html"><img src="../images/S4.png" alt="小图S4" title="小图S4标题"></a>
19  <a href="ch2-page-013-5.html"><img src="../images/S5.png" alt="小图S5" title="小图S5标题"></a>
20  <img src="../images/nextP.png"></p>
```

图 2.75 图片超链接的代码

提示：打开 html 文件夹中的 ch2-page-013.html 网页文件，为缩略图图片 S1.png~S5
.png 分别添加到 ch2-page-013-1.html~ ch2-page-013-5.html 的超链接。

注意：`<img>`标记的 title 属性是鼠标指针悬停在该图片上时显示的文本，如图 2.76 所示；alt 属性是找不到该图片素材时，图片位置显示的文本，如图 2.77 所示。

图 2.76　图片的 title 属性

图 2.77　图片的 alt 属性

课后习题

自学知识拓展的内容。

子任务 2　创建网页背景

效果展示

如图 2.78~图 2.79 所示，使用 CSS 中的 background 属性实现网页或者网页元素的背景图（颜色）效果以及背景位置的定位。

图 2.78　网页设置背景效果图 1

图 2.79　网页设置背景效果图 2

任务准备

① 素材准备：HTML 文件夹下的网页素材 ch2-page-013.html 和 ch2-page-016.html，images 文件夹下的图片素材。

② CSS 的 background 属性是设置网页元素和背景相关的属性。其中：

a. background-color：设置要使用的背景颜色，可能的值如表 2.11 所示。

表 2.11　background-color 属性值

值	描　　述
color_name	规定颜色值为颜色名称的背景颜色（如 red）
hex_number	规定颜色值为十六进制值的背景颜色（如 #ff0000）
rgb_number	规定颜色值为 rgb 代码的背景颜色（如 rgb(255,0,0)）
transparent	默认。背景颜色为透明
inherit	规定应该从父元素继承 background-color 属性的设置

b. background-image：规定要使用的背景图像，可能的值如表 2.12 所示。

表 2.12　background-image 属性值

值	描　　述
url('URL')	指向图像的路径
none	默认值。不显示背景图像
inherit	规定应该从父元素继承 background-image 属性的设置

c. background-position：设置背景图像的位置，可能的值如表 2.13 所示。

表 2.13　background-position 属性值

值	描　　述
top left| center| right center left| center| right bottom left| center| right	如果仅规定了一个关键词，那么第二个值将是"center"； 默认值：0% 0%
x% y%	第一个值是水平位置，第二个值是垂直位置； 左上角是 0% 0%。右下角是 100% 100%； 如果仅规定了一个值，另一个值将是 50%

续表

值	描 述
xpos ypos	第一个值是水平位置，第二个值是垂直位置； 左上角是 0 0。单位是像素（0px 0px）或任何其他的 CSS 单位； 如果仅规定了一个值，另一个将是 50%； 您可以混合使用 % 和 position 值

d. background-repeat：规定如何重复背景图像，可能的值如表 2.14 所示。

表 2.14　background-repeat 属性值

值	描 述
repeat	默认。背景图像将在垂直方向和水平方向重复
repeat-x	背景图像将在水平方向重复
repeat-y	背景图像将在垂直方向重复
no-repeat	背景图像将仅显示一次
inherit	规定应该从父元素继承 background-repeat 属性的设置

e. background-origin：规定背景图片的定位区域，可能的值如表 2.15 所示。

表 2.15　background-origin 属性值

值	描 述
padding-box	背景图像相对于内边距框来定位
border-box	背景图像相对于边框盒来定位
content-box	背景图像相对于内容框来定位

任务实现

① 在 Dreamweaver 中打开网页文件 ch2-page-013.html。

② 编写内嵌样式表，为<body>标记添加背景图像 product_bg.png，CSS 样式代码为：

```
<style type="text/css">
body {
    background-image:url(../images/product_bg.png);
}
</style>
```

浏览效果如图 2.80 所示。

③ 当浏览器的宽度比背景图像宽时，可看到背景图像在水平方向平铺的效果。设置背景图像不重复的 CSS 样式代码为：

```
body {
    background-image:url(../images/product_bg.png);
    background-repeat: no-repeat;
}
```

浏览效果如图 2.81 所示。

图 2.80　背景图像效果图

图 2.81　背景图像不重复

④ 设置背景图像水平居中，CSS 样式代码为：

```
body {
    background-image:url(../images/product_bg.png);
    background-repeat: no-repeat;
    background-position:center;
}
```

浏览效果如图 2.82 所示。

图 2.82　背景图像居中

⑤ 为<body>标记添加粉色的背景颜色　"#fef7ee"，使得整个页面整体性更强，CSS 样式代码为：

```
body {
    background-image:url(../images/product_bg.png);
    background-repeat: no-repeat;
    background-position:center;
    background-color:#fef7ee;
}
```

上述代码也可以更简练地设置为 background 属性，代码如下：

```
body {
    background:#fef7ee url(../images/product_bg.png) no-repeat center;
}
```

浏览效果如图 2.83 所示。完整代码可参见 ch2-page-015.html 文件。

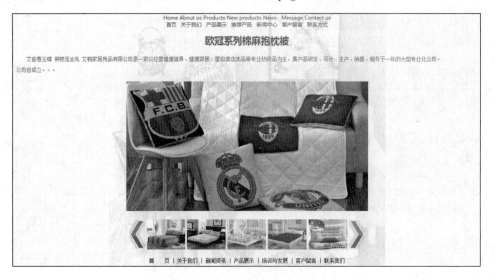

图 2.83　背景颜色效果图

注意：如果同时设置了背景图像和背景颜色，背景图像优先显示，只有在背景图像显示不到的地方，才会显示背景颜色。

同步训练

打开 html 文件夹下的 ch2-page-016.html 网页文件，为<body>标记添加背景图像 load_bg.png，为<h1>标记添加褐色的背景颜色"#855f50"，文字颜色修改为白色，浏览效果如图 2.84 所示。完整代码可参见 ch2-page-016-finish.html 文件。

图 2.84 背景图像同步训练效果

知识拓展

（1）CSS 的 background-attachment 属性

规定背景图像是否固定或者随着页面的其余部分滚动，可能的属性值如表 2.16 所示。

表 2.16　background-attachment 属性值

值	描　　述
scroll	默认值。背景图像会随着页面其余部分的滚动而移动
fixed	当页面的其余部分滚动时，背景图像不会移动

图 2.85 所示是 scroll 属性值网页效果图，可以看到背景图是相对于元素自身固定，内容滚动时背景图也滚动。对于 scroll，一般情况背景随内容滚动，但有一种情况例外，对于可以滚动的元素（设置为 overflow:scroll 的元素），当 background-attachment 设置为 scroll 时，背景图不会随元素内容的滚动而滚动。

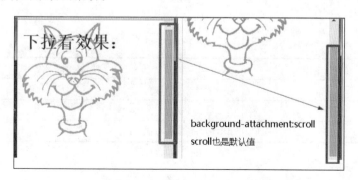

图 2.85　scroll 属性值网页效果图

图 2.86 所示是 fixed 属性值网页效果图，可以看到背景图片相对于视口固定，就算元素有了滚动条，背景图也不随内容移动。

图 2.86　fixed 属性值网页效果图

（2）CSS 的 background-size 属性

规定背景图片的尺寸具体含义，可能的属性值如表 2.17 所示。

表 2.17　background-size 属性值

值	描　　述
length	设置背景图像的高度和宽度； 第一个值设置宽度，第二个值设置高度； 如果只设置一个值，则第二个值会被设置为"auto"
percentage	以父元素的百分比来设置背景图像的宽度和高度； 第一个值设置宽度，第二个值设置高度； 如果只设置一个值，则第二个值会被设置为"auto"
cover	把背景图像扩展至足够大，以使背景图像完全覆盖背景区域； 背景图像的某些部分也许无法显示在背景定位区域中
contain	把图像图像扩展至最大尺寸，以使其宽度和高度完全适应内容区域

（3）CSS 的 background-clip 属性

规定背景的绘制区域具体含义，可能的属性值如表 2.18 所示。相对应的效果图如图 2.87~图 2.89 所示。

表 2.18　background-clip 属性值

值	描　　述
border-box	背景被裁剪到边框盒
padding-box	背景被裁剪到内边距框
content-box	背景被裁剪到内容框

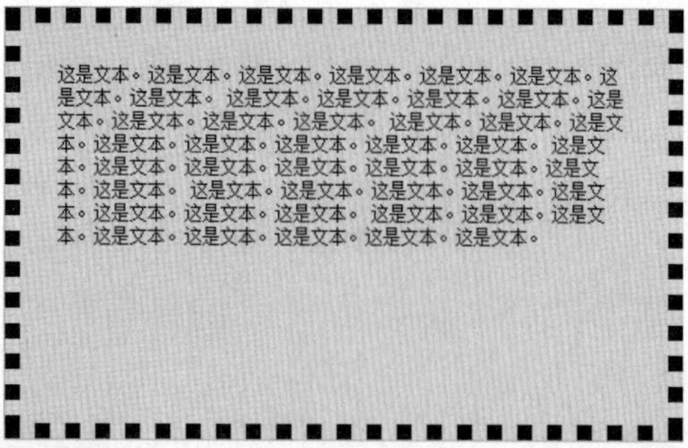

CSS 代码：

```
#MyDIV
{
padding:25px;
border:10px dotted #000000;
background-color:yellow;
background-clip:border-box;
}
```

图 2.87　border-box 属性值效果与代码

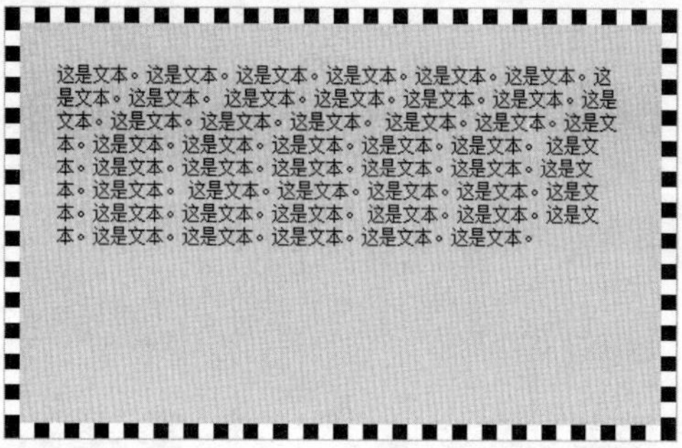

CSS 代码：

```
#MyDIV
{
padding:25px;
border:10px dotted #000000;
background-color:yellow;
background-clip:padding-box;
}
```

图 2.88　padding-box 属性值效果与代码

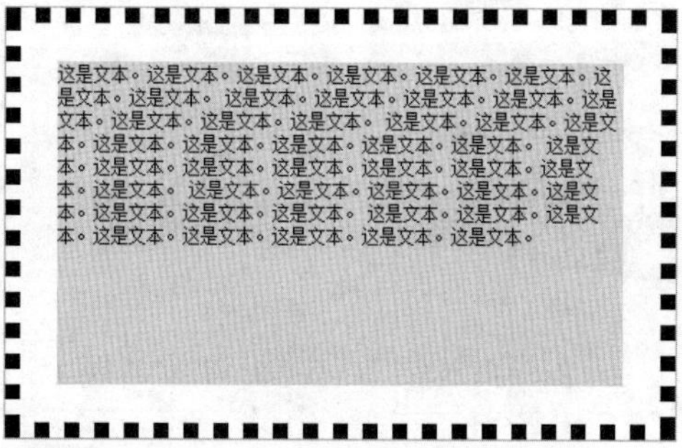

CSS 代码：

```
#MyDIV
{
padding:25px;
border:10px dotted #000000;
background-color:yellow;
background-clip:content-box;
}
```

图 2.89　content-box 属性值效果与代码

课后习题

自学知识拓展的内容，参照样张效果，使用相关的素材完成效果，以巩固相关的知识点。

子任务3　设计制作网站图像特效

效果展示

如图 2.90~图 2.91 所示，使用 CSS 中的 border-radius 属性、box-shadow 属性实现网页中图像的美化。

图 2.90　添加效果的网页效果图 1

图 2.91　添加效果的网页效果图 2

任务准备

（1）素材准备

文本素材，图片素材（多张），前面的文本 logo 网页文件。

（2）CSS 的圆角边框属性：border-radius

属性是一个简写属性，用于设置 4 个 border-*-radius 属性。语法为：

`border-radius: 1-4 length|% / 1-4 length|%;`

其中，length 定义圆角的形状，% 是以百分比定义圆角的形状。

按顺时针的方向，top-left、top-right、bottom-right、bottom-left 顺序设置每个 radius 的值。如果省略 bottom-left，则与 top-right 相同。如果省略 bottom-right，则与 top-left 相同。如果省略 top-right，则与 top-left 相同。

（3）CSS 的边框阴影属性：box-shadow

给边框整体添加一个或多个阴影，语法如下：

`box-shadow: h-shadow v-shadow blur spread color inset;`

属性值如表 2.19 所示。

表 2.19　box-shadow 属性值

值	描　　述
h-shadow	必需。水平阴影的位置。允许负值
v-shadow	必需。垂直阴影的位置。允许负值
blur	可选。模糊距离
spread	可选。阴影的尺寸
color	可选。阴影的颜色。请参阅 CSS 颜色值
inset	可选。将外部阴影（outset）改为内部阴影

如图 2.92 所示，设置了不同 box-shadow 属性值的效果。

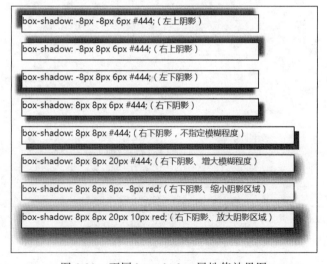

图 2.92　不同 box-shadow 属性值效果图

单元 ②　网页元素

🖧 任务实现

① 新建网页文件，保存为 ch2-page-000.html。网页中插入一个段落标记<p>，然后在段落标记内部插入图像，代码为<p> <img href="../images/image-logo.jpg"/> </p>。

② 创建类选择符，给图像增加阴影效果，xy 方向没有偏移，阴影大小为 15px，没有扩展半径，颜色为 "#999999"，代码为：

```
.imgshadow {
box-shadow:0 0 15x #999999;
}
```

③ 图像标记使用.imgshadow 类选择符，代码为：

```
<img class="imgshadow" src="../images/image-logo.jpg" alt="网站图像 logo" />
```

效果如图 2.93 所示。

注意：如果没有效果，假如是 google 浏览器，请补充样式：-webkit-box-shadow:0 0 15px #999999，也即此时的类选择符的定义是：

```
.imgshadow {
 -webkit-box-shadow:0 0 15px #999999;
 box-shadow:0 0 15x #999999;
}
```

图 2.93　添加阴影效果的图像

同步训练

在 Dreamweaver 中打开 ch2-page-014-finish.html 网页文件，为图像的边框添加圆角和阴影效果，效果如图 2.94 所示。

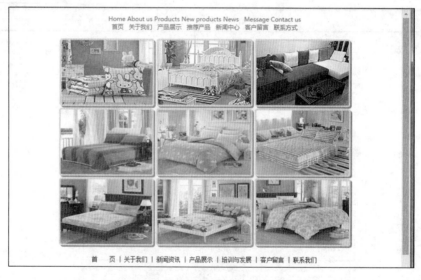

图 2.94　图像的边框添加圆角和阴影效果

提示：

图像边框的样式设置如下：

```
img{
    border:solid 3px #e3e1df;
    border-radius:5px;
    box-shadow:3px 3px #999;
}
```

完整代码参见 ch2-page-014-2.html 网页文件。

知识拓展

（1）CSS 的转换属性：transform

该属性向元素应用 2D 或 3D 转换，如旋转、缩放、移动、倾斜、矩阵变换等。其可能的属性值如表 2.20 所示。语法为：

```
transform: none|transform-functions;
```

表 2.20 transform 属性值

值	描 述
none	定义不进行转换
matrix(n,n,n,n,n,n)	定义 2D 转换，使用 6 个值的矩阵
matrix3d(n,n,n,n,n,n,n,n,n,n,n,n,n,n,n,n)	定义 3D 转换，使用 16 个值的 4×4 矩阵
translate(x,y)	定义 2D 转换
translate3d(x,y,z)	定义 3D 转换
translateX(x)	定义转换，只是用 X 轴的值
translateY(y)	定义转换，只是用 Y 轴的值
translateZ(z)	定义 3D 转换，只是用 Z 轴的值
scale(x,y)	定义 2D 缩放转换
scale3d(x,y,z)	定义 3D 缩放转换
scaleX(x)	通过设置 X 轴的值来定义缩放转换
scaleY(y)	通过设置 Y 轴的值来定义缩放转换
scaleZ(z)	通过设置 Z 轴的值来定义 3D 缩放转换
rotate(angle)	定义 2D 旋转，在参数中规定角度
rotate3d(x,y,z,angle)	定义 3D 旋转
rotateX(angle)	定义沿着 X 轴的 3D 旋转
rotateY(angle)	定义沿着 Y 轴的 3D 旋转
rotateZ(angle)	定义沿着 Z 轴的 3D 旋转
skew(x-angle,y-angle)	定义沿着 X 和 Y 轴的 2D 倾斜转换
skewX(angle)	定义沿着 X 轴的 2D 倾斜转换
skewY(angle)	定义沿着 Y 轴的 2D 倾斜转换
perspective(n)	为 3D 转换元素定义透视视图

如图 2.95 所示，图片添加了圆角、阴影以及 transform 样式，其中一个图片的 CSS 样式的设置代码如下：

```
img.left{
    width: 300px;
    height: 230px;
    padding: 10px;
    border: 1px solid #BFBFBF;
    background-color: white;
    box-shadow: 2px 2px 3px #aaaaaa;
    transform: rotate(-8deg);
}
```

单元 **2** 网页元素

图 2.95 图像添加 transfrom 属性效果

（2）CSS 的改变元素基点属性：transform-origin

元素设置了 transform 属性时，默认的基点是元素自己的中心点。可以通过 transform-origin 属性改变元素的变形基点。这个属性只有在元素设置了 transform 属性时才起作用。以 google 浏览器为例，其语法格式如下：

```
-webkit-transform-origin:x y;
```

其中，X 和 Y 的值可以是百分值 em 或 px，X 也可以是字符参数值 left、center、right；Y 还可以设置字符值 top、center、bottom。

top left 相当于 0 0； center top 相当于 50% 0；right bottom 相当于 100% 100%。

如图 2.96 所示，图像设置了逆时针旋转 45° 的样式，是设置了不同旋转基点的情况下的效果图。其对应的 CSS 样式代码如下：

```
.divimg1 {
  -webkit-transform-origin: left top;
  -webkit-transform: rotate(-45deg);
}
.divimg2 {
  -webkit-transform-origin: right bottom;
  -webkit-transform: rotate(-45deg);
}
.divimg3 {
  -webkit-transform-origin: right center;
  -webkit-transform: rotate(-45deg);
}
```

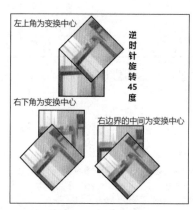

图 2.96 设置不同旋转基点的效果示意图

自学知识拓展的内容，参照样张效果，使用给定的素材完成网页。

任务 3　创建网页布局元素

通过前面任务的学习，我们知道了什么是网页的布局，接下来的问题是使用什么标记可以实现布局。虽然布局技术涉及很多知识点，但是最根本的内容还是布局标记本身，本任务主要介绍网页布局标记，包括 table 标记组和 div 标记及其相关的属性，还简单介绍了 HTML5 新增的具有语义的布局标记。

表格标记 table 是指一组标记，用以在网页中实现网页元素的整齐排列，如导航、内容的规整排列等。但随着网页制作技术的发展，使用逐渐减少，但其特点决定了可以利用它理解网页的布局。

Div 标记又称"层"标记，或"区域"标记，主要用来设定网页中相互独立的不同区域，没有固定的含义，作为网页布局的主要标记，结合 CSS 的相关属性实现网页的布局，这是目前主流的网页布局技术。

【学习目标】

- 了解布局元素的含义以及种类。
- 理解文档流的概念、HTML 标记的布局属性及其分类。
- 理解 box 的原理、含义以及相关的 CSS 属性。
- 理解 CSS 样式的继承性、优先级问题。
- 掌握 CSS 样式的多种使用方式。
- 掌握 table、div 标记的格式、规范以及常见的属性的含义。
- 掌握 css 的属性的含义以及使用方法，如 margin、padding 等。
- 运用 table 标记实现超链接的排列、显示系列网页元素。
- 运用 div 标记规范网页元素所属的区域块。
- 运用 CSS 相关属性实现 div 的宽高、间距、内边距、背景颜色等效果。

【学习重点与难点】

- 重点：table 标记的嵌套性、div 标记的 box 属性。
- 难点：margin 属性、padding 属性。

子任务 1　使用 table 标记排列超链接

效果展示

如图 2.97~图 2.99 所示，使用 HTML 中的 table 标记组实现网页元素的排列。

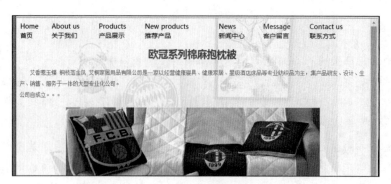

图 2.97　table 表格排列超链接效果图 1

图 2.98　table 表格排列超链接效果图 2

图 2.99　table 表格排列超链接效果图 3

任务准备

素材准备：网页文件 ch2-page-017.html，ch2-page-019.html，文本素材 ch2-txt-004.txt。

表格由 <table> 标记来定义。每个表格均有若干行（由 <tr> 标记对定义），每行被分割为若干单元格（由 <td> 标签定义）。<td>代表表格数据（table data），即数据单元格的内容。数据单元格可以包含文本、图片、列表、段落、表单、水平线、表格等。例如在 HTML 中创建一个表格，包含 2 行、3 列，则语法格式如图 2.100 所示。

```
<table><!--标识一个表格对象的开始-->
  <tr><!--标识表格第一行的开始-->
    <td> </td><!--标识第一行第一个单元格-->
    <td> </td><!--标识第一行第二个单元格-->
    <td> </td><!--标识第一行第三个单元格-->
  </tr><!--标识表格第一行的结束-->
  <tr><!--标识表格第二行的开始-->
    <td> </td><!--标识第二行第一个单元格-->
    <td> </td><!--标识第二行第二个单元格-->
    <td> </td><!--标识第二行第三个单元格-->
  </tr><!--标识表格第二行的结束-->
</table><!--标识一个表格对象的结束-->
```

图 2.100　table 表格的语法

补充：一个表格中，只允许出现一对<table>标记。表格内有多少对<tr></tr>标记，就表示表格中有多少行。HTML5 中不再支持这两者的任何属性。一对<tr></tr>标记内有多少对<td></td>标记，就表示该行有多少个单元格。HTML5 中，<td>还含有 colspan 和 rowspan 两个属性，前者是跨列合并，后者是跨行合并。

width 属性规定表格的宽度，如果没有设置 width 属性，表格会占用需要的空间来显示表格数据。从实用角度出发，最好不要规定宽度，而是使用 CSS 来设置宽度。

height 属性规定表格的高度。通常，单元格占用的空间就是它显示内容需要的空间。

任务实现

① 在 Dreamweaver 中，打开素材网页文件 ch2-page-017.html，进入到代码视图。

② 将光标置于第 11 行代码下面，输入如图 2.101 所示的代码，以插入一个 2 行 7 列的表格。

```
11  <table width="100%" border="0">
12    <tr>
13      <td> </td>
14      <td> </td>
15      <td> </td>
16      <td> </td>
17      <td> </td>
18      <td> </td>
19      <td> </td>
20    </tr>
21    <tr>
22      <td> </td>
23      <td> </td>
24      <td> </td>
25      <td> </td>
26      <td> </td>
27      <td> </td>
28      <td> </td>
29    </tr>
30  </table>
```

图 2.101　插入表格代码 1

③ 将原导航的文字复制到表格的单元格<td>标记，代码如图 2.102 所示；删除原来第 10 行的导航文本，网页浏览效果如图 2.103 所示。

```
11  <table width="100%" border="0">
12    <tr>
13      <td>Home</td>
14      <td>About us</td>
15      <td>Products</td>
16      <td>New products</td>
17      <td>News</td>
18      <td><a href="ch2-page-009.html">Message</a></td>
19      <td>Contact us</td>
20    </tr>
21    <tr>
22      <td>首页</td>
23      <td>关于我们</td>
24      <td>产品展示</td>
25      <td>推荐产品</td>
26      <td>新闻中心</td>
27      <td><a href="ch2-page-009.html">客户留言</a></td>
28      <td>联系方式</td>
29    </tr>
30  </table>
```

图图 2.102　插入表格代码 2

图 2.103　插入表格效果图 1

④ 为表格单元格中的文本设置字体、字号和颜色，并为表格设置白色的背景颜色和高度、padding 等属性，CSS 代码如下：

```
<style type="text/css">
table {
    background-color:#fff;
    height:50px;
    padding:10px;
}
td{
    font-family:"微软雅黑";
    font-size:12px;
    color:#000;
    text-align:left;
    width:30px;
}
</style>
```

网页浏览效果如图 2.104 所示，完整代码可参见 ch2-page-018.html 网页文件。

图 2.104　插入表格效果图 2

同步训练

使用素材网页文件 ch2-page-019.html 为产品展示的图片添加文字介绍，效果如图 2.105 所示。

图 2.105　插入表格同步训练

提示： 在网页文件第 50 行插入一个 3 行 3 列的表格，表格宽度为 600px，单元格中有图像，以及 ch2-txt-004.txt 文本文件中的文本，设置文本居中，单元格宽度 200px，高度 200px；文字介绍的字体为"微软雅黑"，字号 12px，颜色为"#918381"。

知识拓展

目前，表格<table>一般不再用于网页整体的布局。但在某些地方，用表格布局却有独到的优势。使用表格进行页面布局，能很好地控制文本、图像等网页元素在页面上出现的位置。设计过程中根据不同的内容将整个页面划分为若干个表格，通过设置表格和单元格的属性值，实现对页面元素的准确定位，可以达到整齐划一的页面显示效果。

使用 images\table 文件夹下的 01.jpg~05.jpg 图片素材，完成一个用表格布局的页面，效果如图 2.106 所示。

图 2.106　表格布局网页效果

提示：新建一个网页，插入一个 4 行 2 列的表格，第一行只有一个 logo 和导航（01.jpg）的单元格，第二行只有一个搜索的单元格（02.jpg），第三行第一个单元格是产品展示分类（03.jpg），第二个单元格是网页主体（04.jpg）；第五行只有一个页脚单元格（05.jpg）。完整代码可参见 ch2-page-020.html 网页文件。

课后习题

自学知识拓展的内容，参照样张效果，使用给定的素材完成网页。

子任务 2　使用 div 标记创建布局元素

效果展示

如图 2.107 所示，使用布局元素 div 标记实现网页元素的布局，并进行适当的美化。

图 2.107　div 布局元素效果

任务准备

（1）素材准备

文本素材，图片素材（多张），ch2-page-022.html 网页文件。

（2）CSS 盒子（BOX）模型

学习 div 标记之前，先学习关于 CSS 中盒子模型的概念。盒子模型的概念主要用在网页布局时使用。在布局时，盒子模型实际上对应着网页中的一个"区域"，这个"区域"是方形，包含一些 HTML 标记，用以表达网页中该部分"区域"的内容。盒子模型之间相互独立，可通过设置相关的 CSS 属性，用以分隔网页中不同的"区域"，或者美化每个区域。盒子模型的含义如图 2.108 所示。

"element"部分是实际的内容，具有常见的 CSS 属性：height 属性和 width 属性，内容的外围称之为内边距，用"padding"属性进行设置。内边距的边缘是边框，用 border 属性进行设置。边框以外是外边距，用 margin 属性进行设置，外边距设置不同盒子之间的空隙，不过外边距默认是透明的。另外，盒子模型也可以设置背景 background 属性，一般情况下，背景属性应用于由内容和内边距、边框组成的区域。

内边距、边框和外边距默认是可选的，不过，不同的浏览器中为这些属性设置了不同的值，可以通过设置为 0 来覆盖默认的浏览器样式。

盒子模型有两种标准，一种是 W3C 的标准模型，另一种是 IE 的传统模型。标准模型中，width 和 height 指的是内容区域的宽度和高度。增加内边距、边框和外边距不会影响内容区域的尺寸，但是会增加元素框的总尺寸。而 IE 模型中，width 指的是元素内容宽度+border+padding，height 指的是元素内容高度+border+padding。在 IE 模型中，元素框的宽度总尺寸就是 width+margin（水平方向），高度是 height+nargin（垂直方向）。

目前，由于 IE 传统模型针对的 IE 浏览器版本使用率非常低，所以主流的盒子模型都是采用 W3C 标准模型。比如，假设某元素框的 margin 值设为 10px，padding 值设为 5px，width 值设为 70px，那么这个元素框的总尺寸达到 100 个像素，如图 2.109 所示。

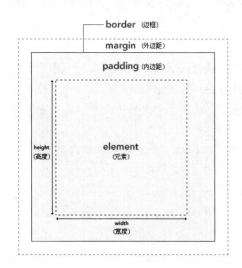

图 2.108　CSS 盒子模型示意图

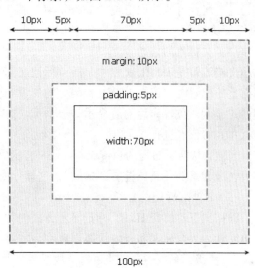

图 2.109　W3C 盒子模型的尺寸示意图

在设置 CSS 的 margin 属性、padding 属性时，可以为每个边单独设置不一样的值，如：

```
p {
    margin-top:10px;
    margin-bottom:10px;
    margin-right:8px;
    margin-left:5px;
}
```

另外，属性的单位也支持很多种，如像素、英寸、毫米、em、百分比等，注意百分比是相对于其父元素的 width 计算的。

CSS 的 margin 属性的简写属性名称就是 margin。可以根据情况，分别设置 1 到 4 个值，规则如下：

① 如果提供全部 4 个参数值，将按上 – 右 – 下 – 左的顺序作用于四边。

```
body { margin: 36pt 24pt 36pt 25pt;}
```

② 如果只提供 1 个，将用于全部的四边。

```
body { margin: 11.5%; }
```

③ 如果提供 2 个，第一个用于上 – 下，第二个用于左 – 右。

```
body { margin: 36pt 24pt;}
```

④ 如果提供 3 个，第一个用于上，第二个用于左 – 右，第三个用于下。

```
body { margin: 36pt 24pt 36pt;}
```

（3）CSS 的"最大最小"尺寸属性

CSS 中除了 width、height 尺寸属性，还提供了"最大最小"尺寸属性以控制元素的宽度和高度。

max–height 属性：设置元素的最大高度，给出高度的最高限制。

min–height 属性：设置元素的最小高度，给出高度的最低限制。

max–width 属性：设置元素的最大宽度，给出宽度的最大限制。

Min–width 属性：设置元素的最小宽度，给出宽度的最小限制。

以上属性可能的取值包括 length（默认值）、%（基于包含元素的容器的百分比）以及 inherit（从父元素继承）。不允许指定负值。

（4）文档流的概念

文档流就是 HTML 文档中，所有标记在浏览器中显示的先后顺序。普通文档流中标记在页面上的位置由标记在 HTML 代码中的位置和标记自身的属性决定的，默认情况下，位置靠前的先显示，位置靠后的后显示；根据不同的属性决定，块级元素是自上而下，而行内元素是从左到右依次进行显示。

当然，从网页布局的角度来讲，CSS 有相应的属性，可以将 HTML 标记脱离普通文档流，实现块级元素的任意位置的"摆放"，这部分内容将在后续的网页布局中进行讲解。

（5）HTML 标记的分类

根据浏览器解释 HTML 标记显示方式的特点，CSS 中将 HTML 标记分为 3 种不同的类型：块级元素、行内元素和行内块级元素。

① 块级元素的主要特点：每个块级元素都是从一个新行开始显示，而且其后的元素（不论是否为块级元素）也需另起一行进行显示；块级元素属于盒子模型，可以设置盒子的各项

属性；块级元素的默认宽度是其父容器的 100%。

HTML 中段落<p>、标题<h1><h2>…、列表<ul><ol><li> 、表格<table>、表单<form>、网页主体<body>等标记都称之为块级元素，这些元素显示为一块内容。

② 行内元素：也叫内联元素，它们的内容显示在行中，即"行内框"。其主要的特点是：所有的行内元素在一行上，到达父容器的边缘自动换行；不可以设置宽度 width 和高度 height；可以设置行高 line-height。

HTML 中表单项标记<input>、超链接<a>、图像<img>等都为行内元素。

③ 行内块级元素：转换行内元素，使得行内元素可以设置宽度和高度属性，是使元素以块级元素的形式呈现在行内。

（6）CSS 的 display 属性

规定元素应该生成的框的类型，也就是可以将 html 标记默认的标记类型进行修改。最主要的应用之一是 display 属性可以使得 HTML 标记在块级元素、行内元素和行内块级元素之间进行转换。

经常使用的属性值如表 2.21 所示。

表 2.21　display 属性值

值	描　　述
none	此元素不会被显示
block	此元素将显示为块级元素
inline	默认。此元素会被显示为内联元素
inline-block	行内块元素，是使元素以块级元素的形式呈现在行内，页面布局时，可以实现多列布局
list-item	此元素会作为列表显示
inherit	规定应该从父元素继承 display 属性的值

（7）<div> 标记和<span>标记

<div> 标记：没有特别的含义，属于块级元素，主要用来布局网页的，也称为"布局"标记。

<span>标记：没有特别的含义，属于行内元素，主要用来表现个别样式。

任务实现

① 在 Dreamweaver 中新建网页，从上到下创建多个 div 以及 span，代码如下：
```
<div>块元素 1</div>
<span>行内元素 1</span>
<span>行内元素 2</span>
<div>块元素 2</div>
<span>行内元素 3</span>
<span>行内元素 4</span>
<span>行内元素 5</span>
<div>块元素 3</div>
```
此时网页呈现正常的普通文档流，浏览效果如图 2.110 所示。可以看到 div 是块级元素，独占一行；而 span 是行内元素。

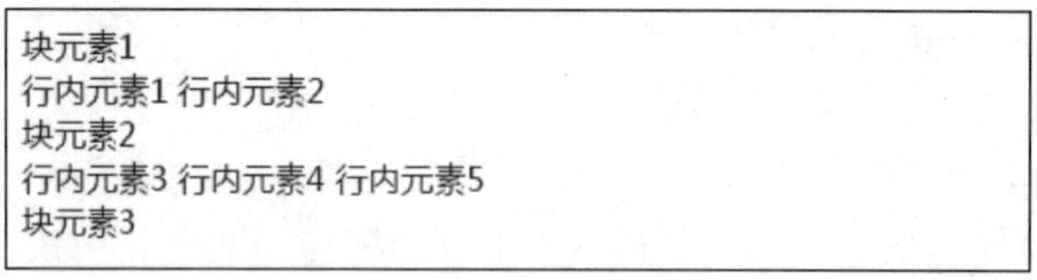

图 2.110　div 布局 1

② 设置 div 和 span 的宽度、高度和边框的 CSS 样式，代码如下：

```
<style type="text/css">
div {
    width:300px;
    height:50px;
    border:#78A681 solid 2px;
}
span {
    height:50px;
    border:#F00 dotted 2px;
}
</style>
```

浏览器浏览效果如图 2.111 所示。

③ 发现在 span 元素内单纯设置 height 是没有效果的，可以用 display:inline-block;将 span 标签设置成行内的 block 元素。浏览器浏览效果如图 2.112 所示。

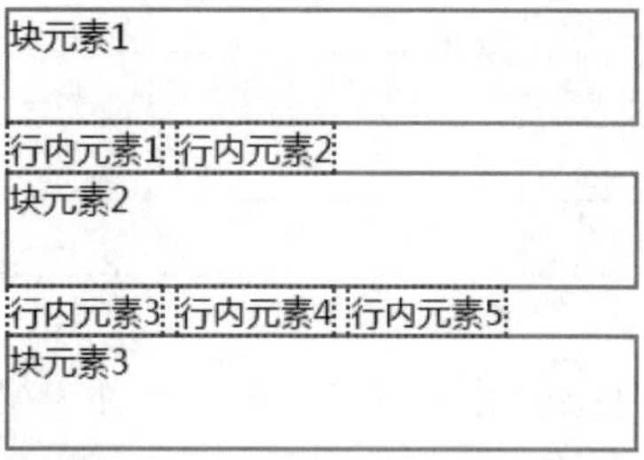

图 2.111　div 布局（span 行高 1）

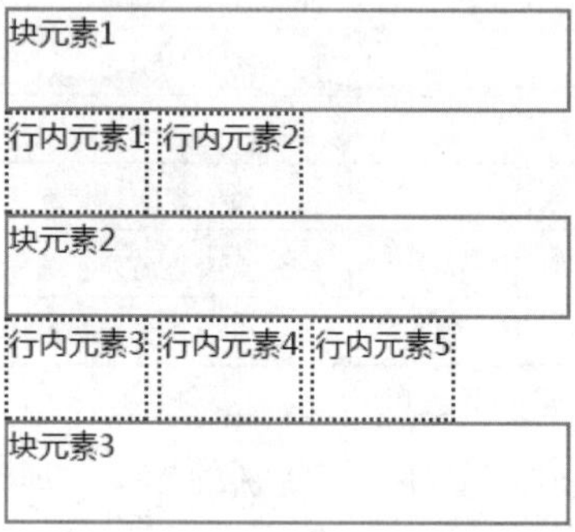

图 2.112　div 布局（span 行高 2）

④ 如果希望行内元素 1 和 2 的宽度是 150px，而行内元素 3、4、5 的宽度是 100px，这样页面会比较整齐。这就需要为它们设置不同的类别选择器，如图 2.113 所示。

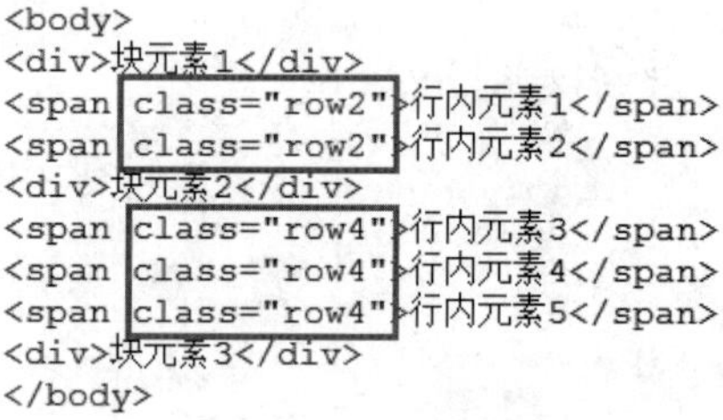

并为不同的类别分别设置 CSS 代码：

```
span.row2 {
    width:145px;
}
span.row4 {
    width:94px;
}
```

图 2.113　span 标记类选择符的使用

CSS 代码中 width 值的设置，是因为盒子模型 width 和 border 加起来是该元素实际占据的空间。浏览器浏览效果如图 2.114 所示。

⑤ 最后美化各类标签。设置字体为"华文隶书"、文本居中对齐、行高为 50px，div 的

背景颜色为"#FE9A3C"、字号为 50px，span 的背景颜色为"#07D9FA"、字号为 18px，网页效果如图 2.115 所示。完整代码参见 ch2-page-021.html 网页文件。

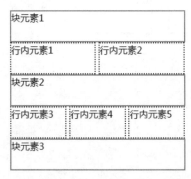

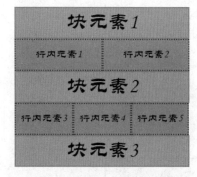

图 2.114　div 布局 2　　　　　　　　　　图 2.115　普通文档流的示意图

注意：在块内设置文字的垂直方向居中，可以通过行高和字体的大小一致来完成。

同步训练

如图 2.116 所示，使用 images\div_tongbu 文件夹下的 01.jpg~07.jpg 图片素材完成网页。

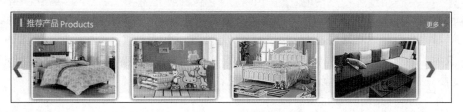

图 2.116　div 布局同步训练

提示：

创建过程如下：

① 打开 ch2-page-022.html，插入两个 div，第一个 div 直接放图片 01.jpg。

② 设置第二个 div 的背景图像为 02.jpg。

③ 在第二个 div 里从左到右插入 6 张图像，分别是 03.jpg~08.jpg，其中 04.jpg~07.jpg 使用类别为 blank 的样式，该样式设置了图像的边框、padding、box-shadow 等属性。

④ 设置 margin 属性为 16px，并设置第二个 div 的高度和行高为 140px，设置图片垂直居中对齐（目的是图片垂直对齐）。完整代码可参见 ch2-page-022-finish.html 文件。

知识拓展

（1）"margin 塌陷"现象

在常规文档流中，2 个或以上的块级盒模型相邻的垂直 margin 会被折叠。如图 2.117 所示，设置了 margin-bottom 的 div1 和设置了 margin-top 的 div2，浏览器中运行的结果显示，div1 和 div2 垂直的距离是 margin-bottom 和 margin-top 之间的最大值，这就是"margin 塌陷"现象。

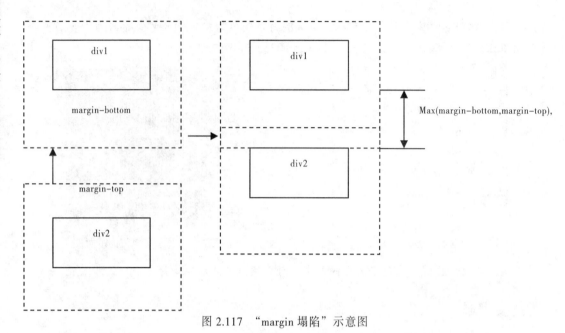

图 2.117 "margin 塌陷"示意图

实际上，这种情况下，最终的 margin 值计算方法有如下几种：如果上述两者都是正值，那么取最大值；如果不全是正值，则都取绝对值，然后用正值减去最大值；或者没有正值，则都取绝对值，然后用 0 减去最大值。

一般为了避免出现一些意外的情况，在设置 CSS 时，尽量避免这种情况出现，比如两个 div 只设置一处即可。另外，塌陷现象只发生在顺序文档流中。

（2）HTML5 新增的网页布局标记

div 标记作为网页布局标记，没有具体的含义，在 HTML5 标记中，新增了页眉（<header></header>）、页脚（<footer></footer>）、导航（<nav></nav>）、文档中的节（<section></section>）、侧栏目（<aside></aside>）等跟结构相关的 HTML 布局标记，单元 1 中有简单的描述，具体的使用方法可参考单元 3 的相关内容，也可参阅相关的资料。

课后习题

自学知识拓展的内容，查询更多的"margin 塌陷"现象，并找到合适的解决方法。

任务 4 创建和美化网页导航元素

导航元素是一个网站的主轴。导航可以横向，可以纵向；导航可以在页首，可以在页脚，甚至可以在需要的任何位置。本任务主要讲述创建一级导航、二级导航以及如何美化导航元素。

【学习目标】

- 了解导航元素的含义及其表现形式。
- 理解文档流的概念、CSS 的 float 属性的含义。
- 理解 CSS 样式的继承性、优先级问题。

- 理解 spry 框架的原理，掌握 spry 的使用方法。
- 掌握 ul/li 标记的格式、规范以及常见的属性的含义。
- 掌握 CSS 用于表现 ul/li 标记的常见属性及使用方法。
- 掌握 CSS 的 display 属性的作用以及使用方法。
- 熟悉 CSS 的 visibility 属性的作用和使用方法。
- 掌握 CSS 不同选择符的定义方法及各自的适用场合。
- 运用 ul/li 标记实现多级导航。
- 运用 background 属性美化各级导航。
- 运用 CSS 相关属性实现 div 的宽高、间距、内边距、背景颜色等效果。

【学习重点与难点】
- 重点：ul/li 标记的嵌套性，spry 多级导航菜单的创建。
- 难点：background-position 属性、完善 spry 多级导航菜单的样式。

子任务 1   创建一级导航

效果展示

如图 2.118~图 2.120 所示，使用 HTML 中的 ul/li 标记实现网页的主要元素：导航。

图 2.118   导航效果图 1

图 2.119   导航效果图 2

图 2.120   导航效果图 3

任务准备

（1）素材准备

images 文件夹下的图片素材，html 文件夹下的 ch2-page-024.html 和 ch2-page-025.html 网页文件。

（2）HTML 中的"无序列表"标记

无序列表代表一个项目的列表，每个列表默认使用粗体圆点（典型的小黑圆圈）进行标记。无序列表始于 <ul> 标签。每个列表项始于 <li>。语法结构为：

```
<ul type="符号类型">
  <li>第 1 项</li>
  <li>第 2 项</li>
  <li>第 3 项</li>
</ul>
```

（3）"ul/li"标记的嵌套，无序列表可以有若干级别，只是在实现时注意每个级别项目类别的完整性，效果图如图 2.121 所示，实现这个效果的代码如下：

```
<ul type="符号类型" >
  <li>第一项
    <ul type="符号类型">
      <li>第一项一
        <ul type="符号类型">
          <li>第一项一一</li>
          <li>第一项一二</li>
        </ul>
      </li>
      <li>第一项二</li>
    </ul>
  </li>
  <li>第二项</li>
</ul>
```

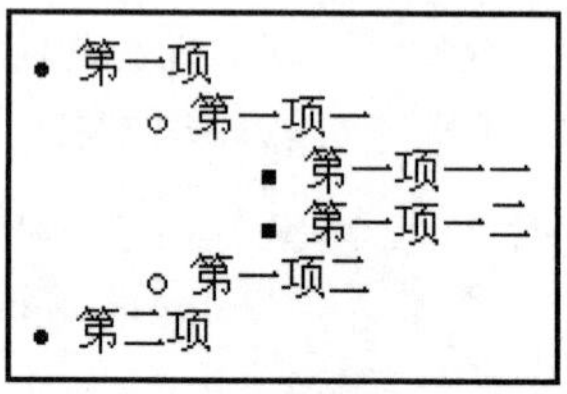

图 2.121　多级项目列表效果

（4）HTML 中的"有序列表"标记

有序列表也代表一列项目，列表项目默认使用数字进行标记。有序列表始于 <ol> 标签。每个列表项始于 <li> 标签，使用方法同无序列表标记。语法结构为：

```
<ol>
  <li>第 1 项</li>
  <li>第 2 项</li>
  <li>第 3 项</li>
</ol>
```

（5）CSS 中关于"项目列表"的属性

① 列表项目的标记类型的设置属性 list-style-type，常用 list-style-type 属性值如表 2.22 所示。通常情况下，都是设置 none 属性值用以取消标记类型，实现 table 标记的作用。

表 2.22　list-style-type 常用属性值

值	描　　述
none	无标记
disc	默认。标记是实心圆
circle	标记是空心圆
square	标记是实心方块
decimal	标记是数字
decimal-leading-zero	0 开头的数字标记。(01, 02, 03, 等)
lower-roman	小写罗马数字(i, ii, iii, iv, v, 等)
upper-roman	大写罗马数字(I, II, III, IV, V, 等)
lower-alpha	小写英文字母(a, b, c, d, e, 等)
upper-alpha	大写英文字母(A, B, C, D, E, 等)

② 列表项目的标记类型可以设置成图像，使用 list-style-image 属性，常用 list-style-image 属性值如表 2.23 所示。

表 2.23　list-style-image 属性值

值	描　　述
URL	图像的路径
none	默认。无图形被显示
inherit	规定应该从父元素继承 list-style-image 属性的值

③ 列表项目的标记的位置，可以通过 list-style-position 属性完成。属性值 inside 表示列表项目标记放置在文本以内，且环绕文本根据标记对齐；属性值 outside 为默认值，保持标记位于文本的左侧，列表项目标记放置在文本以外，且环绕文本不根据标记对齐。

如下的一段 HTML 代码：

```
<div id="out">
  <ul id="first">
    <li>被套/被套</li>
    <li>床单/被单，这一组 li 设置了:list-style-position: inside;</li>
    <li>床裙/床罩</li>
  </ul>
  <ul id="second">
    <li>床品件套</li>
    <li>床笠/被子，这一组 li 设置了:list-style-position: outside;</li>
    <li>床褥/床垫</li>
  </ul>
</div>
```

设置如下的 CSS 样式：

```
<style type="text/css">
#first li {
    border: 1px #000000 solid;
    list-style-position: inside;
    width: 300px;
}
#second li {
    border: 1px #000000 solid;
    width: 300px;
    list-style-position: outside;
}
#out {
    border: #000 solid 1px;
    width: 400px;
}
</style>
```

最后网页的预览效果如图 2.122 所示。

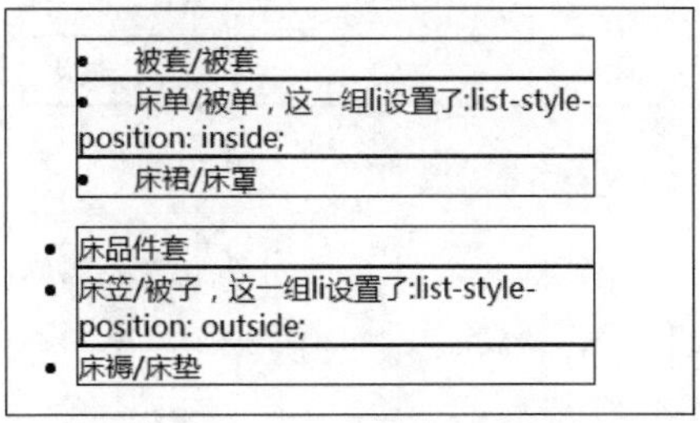

④ 为简单起见，可以将以上 3 个列表样式属性合并，用属性 list-style 的快捷写法来实现，如 li {list-style : url(example.gif) square inside}。

（6）CSS 的后代选择符

CSS 选择符有很多种类型，前面介绍过标记选

图 2.122　list-style-position 属性值的含义

择符、ID 选择符以及类选择符。这里的后代选择符，又称包含选择符，通过上下文来选择标记元素，实际上是一种限定条件下的选择，可以提高效率。其语法格式为：

css选择符1 css选择符2{属性:属性值；属性:属性值 …}

两个 CSS 选择符之间是通过空格进行分隔。

例如，.pcolor span{font-weight: bold;}，只对拥有 class 属性值为 pcolor 的 HTML 标记所包含的<span>标记定义文本的加粗样式。HTML 中的代码如图 2.123 所示，浏览器中预览显示的效果如图 2.124 所示。

```
<style type="text/css"  >
.pcolor span {
    font-weight: bold;
}
</style>
</head>
<body>
<p class="pcolor"> <span>一级标题1</span> </p>
<p> <span>一级标题2</span> </p>
</body>
```

一级标题1

一级标题2

图 2.123　后代选择符的应用代码　　　图 2.124　后代选择符应用

（7）CSS 的通配选择符

通配选择符就是一个星号（*），为每个 HTML 标记定义相同的样式，其语法格式为：

*{属性:属性值；属性:属性值 …}

例如，*{color:#ff0000;}，就为文档中每个元素定义了红色，并且也不需要通过使用 HTML 标记的 class 属性来指定这个样式。

最常见的通配选择符的设置如下，这种方式通常也被称为 CSS 的重置：

```
*{
    margin:0;
    padding:0;
}
```

（8）CSS 的 float 属性

在 CSS 中，通过 float 属性设置网页元素的浮动，当元素浮动时，它将不再处于默认的文档流中，相当于浮在文档之上，不占据空间，但是会缩短行宽。float 属性值如表 2.24 所示。

表 2.24　float 属性值

值	描　　述
left	元素向左浮动
right	元素向右浮动
none	默认值。元素不浮动，并会显示在其在文本中出现的位置
inherit	规定应该从父元素继承 float 属性的值

任务实现

① 打开素材网页文件 ch2-page-024.html，输入<ul>和<li>，作为 a 的父标记，HTML 代码如下：

```
<ul>
  <li><a href="#">Home<br>首　页</a></li>
  <li><a href="#">About us<br>关于我们</a></li>
  <li><a href="#">Products<br>产品展示</a></li>
```

```
        <li><a href="#">New products<br>推荐产品</a></li>
        <li><a href="#">New<br>新闻中心</a></li>
        <li><a href="#">Message<br>客户留言</a></li>
        <li><a href="#">Contact us<br>联系我们</a></li><br>
</ul>
```

网页浏览效果如图 2.125 所示。

图 2.125　一级导航列表效果图

② 设置后代选择符#nav li 的 float 属性，实现横向一级导航。CSS 代码如下：

```
#nav li{
    float: left;
}
```

网页浏览效果如图 2.126 所示。

图 2.126　一级导航列表横向效果图

③ 定义相应的选择符，设置导航区域的背景颜色为白色、高度为 95px，取消列表的项目标记，CSS 代码如下：

```
#nav{
    background:#fff;
    height: 90px;
}
#nav ul li{
    float:left; /*左浮动*/
    list-style-type: none;/*用以取消默认的项目标记，实心小圆点*/
}
```

网页浏览效果如图 2.127 所示。

图 2.127　一级导航列表样式效果图

④ 设置超链接的样式，以及鼠标经过时的效果。CSS 代码如下：

```css
#nav ul li a{
    display:block;/*设置超链接块级元素*/
    text-decoration:none; /*取消超链接默认的下画线*/
    color:#666;
    padding:30px 25px 30px 20px;
}
#nav ul li a:hover{
    background: url(../images/nav_one.gif) no-repeat center bottom;
    color:#fff;
}
```

注意：超链接的 display 属性必须设置为块级元素。

网页浏览效果如图 2.128 所示，此时鼠标指针悬停在"新闻中心"列表项，该项背景色为褐色、文字为白色，正如 CSS 样式表所设置。完整代码参见 html\ch2-page-024-finish.html 网页文件和 style\ch2-css-024-finish.css 样式表文件。

图 2.128　一级导航列表带链接效果图

同步训练

参照样张效果图 2.129 和图 2.130，完成网页中的一级导航。

图 2.129　一级导航同步训练 1

图 2.130　一级导航同步训练 2

提示：打开网页文件 ch2-page-025.html，设置 li 的样式以及超链接的样式。

训练 1 为超链接设置了宽度为 15px、颜色为#039 的左边框，背景颜色为#039；鼠标指针悬停时超链接的左边框颜色和前景颜色为"#FF0"。完成后的网页文件可参见

ch2-page-025-finish.html。

训练 2 灵活运用了 4 个边框的粗细和颜色，实现了按钮效果的超链接。超链接的右、下边框使用深色边框，左、上边框使用浅色边框；鼠标指针悬停时相反。深色边框颜色为"#717171"，浅色边框颜色为"#EEEEEE"。完成后的网页文件可参见 ch2-page-025-finish2.html。

知识拓展

CSS 伪类:first-child 用于选取标记元素的首个子元素。例如：p:first-child {color:#00ff00;}，作用是作为某个标记元素第一个子元素 p 元素，设置字体颜色，而不是 p 元素的第一个子元素。

使用:first-child 设置任务 1 中，导航元素"首页"具有跟其他元素不一样的背景颜色和字体颜色，用以区别其他项目元素，效果如图 2.131 所示，编写 CSS 代码，将#nav ul li a:hover 选择器的样式定义修改为：

```
#nav ul li:first-child a{
    background: url(../images/nav_one.gif) no-repeat center bottom;
    color: #fff;
}
```

图 2.131 一级导航列表带链接及 first-child 效果图

在浏览器中预览可见，只有"首页"元素实现了效果，注意这里取消了伪类选择符 a:hover 的设置；另外，也可见 li:first-child 的优先级大于 li。完整代码参见 html/ch2-page-027-finish.html 和 style\ch2-css-027-finish.css 文件。

课后习题

① 自学知识拓展的内容，查阅关于导航的资料，学习导航的多种实现方法。

② 使用 float 属性，借助块级元素的宽度属性、padding 属性等，完成图文混排效果，效果如图 2.132 所示。

图 2.132 图文混排效果

子任务 2　创建二级导航

浏览器中，限于网页内容的显示区域，有时需要把某些导航放到二级导航中，在需要时进行显示，不需要时隐藏，以保证页面的简洁和更多的页面区域用于内容的显示。

效果展示

如图 2.133 所示，使用 CSS 中的 display 属性实现二级导航的效果，鼠标指针经过一级导航的某一项时，才会显示其相对应的二级导航。

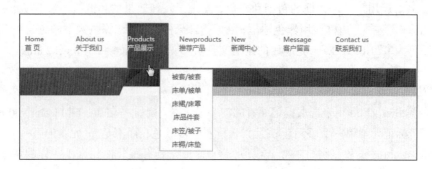

图 2.133　二级导航列表效果图

任务准备

（1）素材准备

图片素材（多张），网页文件 ch2-page-026.html。

（2）CSS 的 display 属性在导航中的应用

前面讲解的 display 属性主要用在 HTML 标记的 3 种类型之间切换，另外，display 属性的 none 属性值用于设置元素的显示与隐藏，在制作二级导航时经常使用到。当元素被隐藏时，其占用的空间也会释放。

CSS 中还有一个类似的属性：visibility 属性，也用于设置元素的显示与否，两个主要的属性值是 visible 和 hidden，但这个属性设置的隐藏与 display 属性的设置不同，元素的空间仍被保留。

任务实现

① 打开网页文件 ch2-page-026.html，为 15 行的"产品展示"列表项添加二级导航的标记部分，部分代码如下：

```
<li><a href="#">Products<br>产品展示</a>
  <ul>
    <li><a href="#">被套/被套</a></li>
    <li><a href="#">床单/被单</a></li>
    <li><a href="#">床裙/床罩</a></li>
    <li><a href="#">床品件套</a></li>
    <li><a href="#">床笠/被子</a></li>
    <li><a href="#">床褥/床垫</a></li>
  </ul>
</li>
```

注意<li> 和 <ul> 的嵌套层次。网页浏览效果如图 2.134 所示。

② 二级导航一般情况下应该是隐藏的，只有鼠标指针经过一级导航"产品展示"列表项时才显示，解决的方法是使用 display 属性实现"隐藏"和"显示"，CSS 代码如下：

```
#nav ul li ul{
    display:none;
}
#nav ul li:hover ul {
    display: block;
}
```

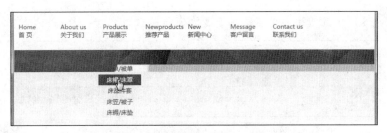

图 2.134　二级导航列表效果

③ 根据 CSS 继承性原则，此时的二级导航的超链接默认使用了样式表文件中 <a> 的样式，如图 2.134 所示，我们重新设置二级导航列表项的高度、宽度、对齐方式以及超链接样式，CSS 代码为：

```
#nav ul li ul li{
    height:24px;
    line-height:24px;
    text-align:center;
}
#nav ul li ul a{
    padding:0;
}
#nav ul li ul li a:hover{
    color:#fff;
    background:#855f50;
}
```

网页浏览效果如图 2.135 所示。

图 2.135　添加样式的二级导航列表效果

④ 调整一级导航的列表项以及二级导航列表的 position 属性，实现二级导航位置的正确显示，代码为：

```
#nav ul li{
    position:relative;/*二级导航定位需要*/
}
#nav ul li ul{
    display:none;
    background:#FFF;
    border:1px solid #beaaa2;
    position:absolute;/*二级导航定位需要*/
    left:0px;
}
```

上述代码还为二级导航设置了白色的背景颜色，并添加了咖啡色的边框。网页浏览效果如图 2.136 所示，图 2.137 是二级导航列表中 left 属性设为 70px 的浏览效果。完成后的效果可参见 html/ch2-page-026-finish.html 和 style/ch2-css-026-finish.css 文件。

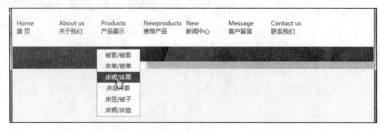

图 2.136　二级导航列表 position 效果图

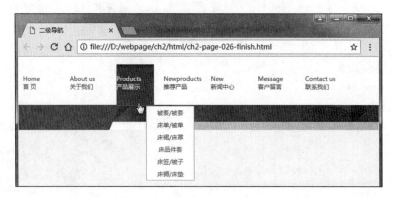

图 2.137　二级导航列表最终效果图

同步训练

参照图 2.138 所示的效果，把二级导航变为横向显示。

图 2.138　横向二级导航列表效果图

提示：打开 ch2-page-026-finish.html 网页文件，编辑 ch2-css-026-finish.css 样式表文件，设置二级导航 ul 的宽度为 480px，二级导航 li 的宽度为 80px，由于之前设置过#nav 的 div 下的 li 是左浮动的，此时就可以看到横向二级导航效果。本例中还设置了二级导航 li 的 left 定位为–100px，这样二级导航的位置比较合理。完成后的效果可参见 html/ch2-page-026-2-finish.html 和 style/ch2-css-026-2-finish.css 文件。

知识拓展

CSS 的 position 属性

本任务中制作的例子用到 position 属性。这个属性是"定位"的意思，可以根据需要把任何一个 HTML 标记元素放在网页中任何的位置处。再来看看任务中使用的情况：

```
#nav ul li{
    position:relative;/*属性值 relative 的意思是相对定位，这里的设置是为了保证
#nav ul li 中 li 标记的子元素以 li 的位置为基准进行位置设置。*/
}
#nav ul li ul{
    display:none;
    background:#FFF;
    border:1px solid #beaaa2;
    position:absolute;
    left:0px; /*属性值 absolute 的意思是绝对定位，结合上一个样式的设置，这里的含义
是：ul 的 left 设置为 0px，也就是 ul 的 left 边和 li 的 left 边是重合的*/
}
```

关于 position 属性还有很多其他的属性值，在网页的布局中使用也很多，后续章节会继续介绍。

课后习题

① 自学知识拓展的内容，查阅关于二级导航的资料，学习二级导航的多种实现方法；

② 复习 CSS 中关于背景图像设置的相关属性，为子任务 3 做准备。

子任务 3　添加导航前导符号

导航作为网站的主要元素，也是常用的元素，使用 CSS 样式对其进行美化，增强浏览者的视觉体验和交互体验。

效果展示

如图 2.139 和图 2.140 所示，通过 CSS 的 background 属性美化 ul/li，实现可定位的前导符号。

图 2.139　导航前导符号效果展示 1

图 2.140　导航前导符号效果展示 2

任务准备

（1）素材准备

图片素材 icon.gif、list_title.gif、news.jpg，网页文件 ch2-page-028.html 和 ch2-page-029.html。

（2）CSS 的 background 属性

设置网页元素和背景相关的属性，前面章节讲过一部分，这里再学习一部分关于背景属性的相关属性。

background-origin：规定背景图片的定位区域，可能的属性值如表 2.25 所示。

表 2.25　background-origin 属性值

值	描　述
padding-box	背景图像相对于内边距框来定位
border-box	背景图像相对于边框盒来定位
content-box	背景图像相对于内容框来定位

任务实现

① 在 Dreamweaver 中打开网页文件 ch2-page-028.html。

② 将 12 行开始的连续 6 行设置为列表标记，HTML 代码为：

```
<ul>
    <li>被套/被套</li>
    <li>床单/被单</li>
    <li>床裙/床罩</li>
    <li>床品件套</li>
    <li>床笠/被子</li>
    <li>床褥/床垫</li>
</ul>
```

网页浏览效果如图 2.141 所示。

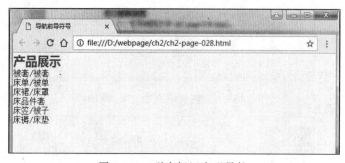

图 2.141　列表标记实现导航

③ 设置 ul 的宽度和 li 的行高、文本居中对齐；设置 li 的下边框；设置 li 没有默认的小圆点，而是使用符号列表图像 icon.gif ，代码如下：

```
#aside ul{
    width: 200px;
}
#aside li{
    height:44px;
```

```
        line-height:44px;
        text-align:center;
        border-bottom:solid 1px #ccc;
        list-style:none;
        list-style-image: url(../images/icon.gif);
        list-style-position: inside;
}
```

网页浏览效果如图 2.142 所示。

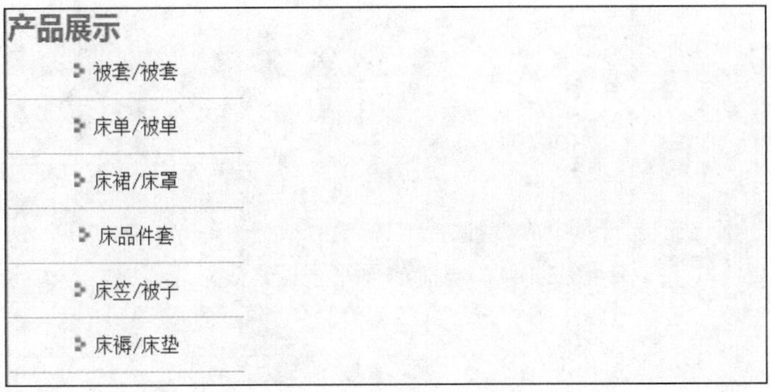

图 2.142　导航前导符号效果

④　如果要把 icon.gif 图像放在列表文字的后面，可以把它设置为 li 的背景图像，注意背景图像的位置，水平方向在 170px，代码如下：

```
#aside li{
    background:url(../images/icon.gif) no-repeat 170px center;
}
```

网页浏览效果如图 2.143 所示。

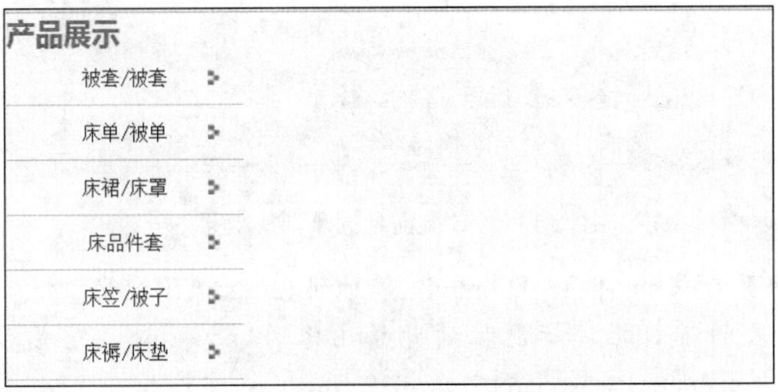

图 2.143　导航前导符号背景图像的效果

list-style-position 的位置是固定的，而 background 的设置要更加自由一些，项目列表的符号的位置可前可后，距离多少也可以调节。所以，一般情况下，项目的图像符号都是使用背景图像的方式进行设置的。

⑤　最后设置"产品展示"的左侧图像，仍然可以通过背景图像的方式实现，代码如下：

```
h3 {
    background: url(../images/list_title.gif) no-repeat;
    padding:20px 0 10px 60px;
}
```

网页浏览效果如图 2.144 所示。完成后的效果可参见 html/ch2-page-028-finish.html 和

style/ch2-css-028-finish.css 文件。

图 2.144   导航前导符号最终效果

同步训练

参照图 2.145 所示的效果，使用给定的素材完成网页。

图 2.145   导航前导同步训练效果

提示：打开网页文件 ch2-page-029.html，添加列表 ul 和 li 标签，并添加导航前导符号 icon.gif，添加列表的下边框，标题栏的背景图像为 news.jpg。完成后的效果可参见 html/ch2-page-029-finish.html 和 style/ch2-css-029-finish.css 文件。

课后习题

① 思考项目列表（如 ul/li）标记在网页中的应用，除了做导航，还可以使用在什么地方？并举例说明。

② 巩固前面所学内容，综合使用盒子的相关属性，完成如图 2.146 所示的效果图。提示：首字通过浮动实现"下沉"的效果，盒子的宽度属性实现文字的合理包围效果，margin、padding 属性实现内容之间的空隙等，HTML 的代码如下：

```
<div>
  <p > <span>A</span>关于我们 Bout US </p>
  <p>+MORE</p>
```

```
    <p class="clearx"><img src="images/first_06.png"/>艾香惹...成立 ...</p>
</div>
```

其中 clearx { clear: both; }，用来清除浮动，实际上就是取消图文环绕效果，查阅相关资料或者查看单元 3 进一步了解 CSS 中关于清除浮动属性的使用。

图 2.146　课后习题样张效果图

子任务 4　使用预置的 Spry 导航元素

Spry 框架存在于 Dreamweaver 软件中，预置了多级导航元素，便于直接创建导航，提高工作效率。

效果展示

如图 2.147 所示，使用 Dreamweaver 中的 Spry 构件快速实现二级导航。

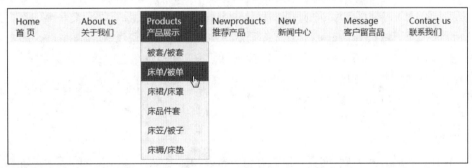

图 2.147　Spry 导航元素效果图

任务准备

素材准备：ch2-txt-005.txt 文本文件。

Spry 框架是一个 JavaScript 库，Web 设计人员使用它可以构建能够向站点访问者提供更丰富体验的 Web 页。有了 Spry，就可以使用 HTML、CSS 和极少量的 JavaScript 将 XML 数据合并到 HTML 文档中，创建构件（如折叠构件和菜单栏），向各种页面元素中添加不同种类的效果。在设计上，Spry 框架的标记非常简单且便于那些具有 HTML、CSS 和 JavaScript 基础知识的用户使用。Dreamweaver 软件中，Spry 菜单如图 2.148 所示。

图 2.148　Spry 菜单项

　　可以通过其中的 Spry 菜单栏、Spry 选项卡式面板、Spry 折叠式、Spry 可折叠面板等来创建网页的导航元素。

　　使用 Spry 后，保存网页会提示我们保存 Spry 效果文件，上传时要连同文件一起上传。Spry 框架中的每个构件都与唯一的 CSS 和 JavaScript 文件相关联。CSS 文件中包含设置构件样式所需的全部信息，而 JavaScript 文件则赋予构件功能。当使用 Dreamweaver 界面插入构件时，Dreamweaver 会自动将这些文件链接到页面，以便构件中包含该页面的功能和样式。当在已保存的页面中插入构件时，Dreamweaver 会在站点中创建一个 SpryAssets 目录，并将相应的 JavaScript 和 CSS 文件保存到其中。

任务实现

　　① 在 Dreamweaver 中新建网页，保存为 ch2-page-026-3.html。使用"插入"→"Spry"→"菜单栏"命令插入一个横向菜单。

　　② 打开 txt/ch2-txt-005.txt 文件，复制其中的 7 个一级导航，替换 html 文件中的项目 1~项目 4，并添加 3 个一级导航的 li 项目。为"产品展示（项目 3）"保留二级导航，删除其余的二级导航及三级导航，注意标签的正确嵌套关系。此时网页浏览效果如图 2.149 所示。

图 2.149　Spry 菜单项横向菜单

注意：保存文件时确定复制 SpryAssets 文件夹到本地站点。

③ 在图 2.149 中，注意到一级导航"首页"和二级导航"项目 3.1"并没有子导航，但仍然有小三角形的图标显示它有子导航，因为下面这句代码指定了"首页"的类别为 MenuBarItemSubmenu：

```
<li><a class="MenuBarItemSubmenu" href="#">Home<br>首 页</a></li>
```

删掉"首页"和"项目 3.1"的类选择器，就不会出现小三角形的图标。

从 ch2-txt-005.txt 文件中复制"产品展示"的 6 个二级导航，分别为项目 3.1~项目 3.6，仍然注意标签的嵌套。此时网页浏览效果如图 2.150 所示。从这里可以看到样式已经创建好情况下添加 HTML 标记的便捷性，添加 HTML 标记之后样式就直接显示出来。

图 2.150　Spry 菜单项横向菜单 2

④ 在 SpryMenuBarHorizontal.css 文件中修改菜单的样式，将 93 行的超链接背景颜色修改为"#fef7ee"，将 101 行和 107 行鼠标指针悬停的背景颜色修改为"#855f50"，此时网页浏览效果如图 2.151 所示。完整效果见 ch2-page-026-3-finish.html 网页文件。

图 2.151　Spry 菜单项横向菜单效果

同步训练

使用 Spry 创建纵向菜单。参照样张效果图 2.152，使用给定的素材完成网页。

提示：新建文件，插入 Spry 菜单项时选择垂直菜单，使用 txt/ ch2-txt-005.txt 文件中的文本创建一级导航和二级导航，并修改 SpryMenuBarVertical.css 文件中的超链接背景颜色为"#fef7ee"和"#855f50"（鼠标悬停时）。完整效果见 ch2-page-026-4-finish.html 网页文件。

图 2.152　Spry 菜单项垂直菜单效果

课后习题

思考网页中，除了前面学过的导航的形式，Web 中还有哪些网页元素的表现形式也可称之为导航？并举例说明。

任务 5　添加网页媒体元素

网页中添加音视频元素，让网页拥有多种表现形式，为不同用户提供各自的需求，提高了浏览者的用户体验。

【学习目标】
- 了解网页中更多的媒体元素。
- 掌握音视频标记的格式、常见属性的含义以及注意事项。
- 运用音视频标记在网页中增加音频、视频对象。
- 运用 CSS 相关属性调整音视频对象的宽高以及显示位置。

【学习重点与难点】
- 重点：video 标记、audio 标记。
- 难点：理解浏览器兼容性及其处理方法。

效果展示

如图 2.153 所示，使用 HTML5 新增的<video></video>标记在网页中添加视频，并进行控制。

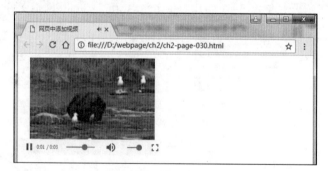

图 2.153　网页中添加视频效果

任务准备

（1）素材准备

assets 文件夹中的视频素材 movie.mp4 和音频素材 song.mp3。

（2）HTML5 的<video>标记

该标记是 HTML5 新增的标记，用于定义视频，如电影片段或其他视频流。目前支持的视频格式有 3 种，分别为 Ogg、WebM、Mpeg4，其基本格式为：

```
<video src="xxx.mp4" controls="controls">…</video>
```

其中，在<video>与</video>之间插入的内容是供不支持 video 元素的浏览器显示的。Video 标记的属性如表 2.26 所示。

表 2.26 video 标签的属性

属 性	值	描 述
autoplay	autoplay	如果出现该属性，则视频在就绪后马上播放
controls	controls	如果出现该属性，则向用户显示控件，如播放按钮
height	pixels	设置视频播放器的高度
loop	loop	如果出现该属性，则当媒介文件完成播放后再次开始播放
muted	muted	规定视频的音频输出应该被静音
poster	URL	规定视频下载时显示的图像，或者在用户点击播放按钮前显示的图像
preload	preload	如果出现该属性，则视频在页面加载时进行加载，并预备播放。如果使用 "autoplay"，则忽略该属性
src	url	要播放的视频的 URL
width	pixels	设置视频播放器的宽度

目前不同的浏览器对 video 标签的支持也不同，表 2.27 列出了应用最广泛的浏览器对 video 标签的支持情况。

表 2.27 浏览器对 video 标签的支持情况

浏览器 \ 视频格式	Ogg Theora	MP4(H.264)	WebM
Microsoft Internet Explorer9+		支持	
Mozilla Firefox4+	支持		支持
Google Chrome6+	支持	支持	支持
Apple Safari3+		支持	
Opera10.6+	支持		支持

（3）HTML5 的<audio> 标记

该标记也是 HTML5 新增的标记，用于定义声音，如音乐或其他音频流。它支持 3 种音频格式，分别为 Ogg、Mp3、Wav，其基本格式为：

```
<audio src="xxx.mp3" controls="controls">…</audio>
```

其中，在<audio>与</audio>之间插入的内容是供不支持 audio 元素的浏览器显示的。audio 标签的属性如表 2.28 所示。

表 2.28 audio 标签的属性

属 性	值	描 述
autoplay	autoplay	如果出现该属性，则音频在就绪后马上播放
controls	controls	如果出现该属性，则向用户显示控件，比如播放按钮
loop	loop	如果出现该属性，则每当音频结束时重新开始播放
muted	muted	规定音频输出应该被静音
preload	preload	如果出现该属性，则音频在页面加载时进行加载，并预备播放。如果使用 "autoplay"，则忽略该属性
src	url	要播放的音频的 URL

目前不同的浏览器对 audio 标签的支持也不同，表 2.29 列出了应用最广泛的浏览器对 audio 标签的支持情况。

表 2.29　浏览器对 audio 标签的支持情况

浏览器　　　　视频格式	Ogg Vorbis	MP3	Wav
Microsoft Internet Explorer9+		支持	
Mozilla Firefox3.5+	支持		支持
Google Chrome3+	支持	支持	
Apple Safari3+		支持	支持
Opera10.5+	支持		支持

任务实现

① 新建网页文件，另存为 ch2-page-030.html。

② 添加<video>标记，设置视频源、宽度、高度以及是否显示播放按钮等属性，代码为：

```
<video src="../assets/movie.mp4 " width=300px height=200px controls>
    您的浏览器不支持 video 标签！
</video>
```

③ 在 google 浏览器中浏览的效果如图 2.154 所示，在 IE 浏览器中浏览的效果如图 2.155 所示，因为 IE 浏览器并不支持 HTML5 的<video>标记。

图 2.154　网页中添加视频（google 浏览器）

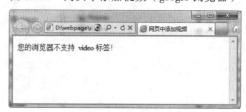

图 2.155　网页中添加视频（IE 浏览器)

同步训练

在上例中添加音频文件 song.mp3。完成后的网页文件可参见 ch2-page-030-finish.html。

提示：添加音频的代码为：

```
<audio src="../assets/song.mp3" controls>
 您的浏览器不支持 audio 标签!
</audio>
```

知识拓展

目前，Web 上音视频的显示和播放都还没有一个统一的标准，大多数时都是通过插件的形式来完成视频的显示、播放、暂停等，而且不同的浏览器使用的插件也不一样。HTML5 增加了<video>标记，规定了一种包含视频的标准方法，除了显示视频，还可以结合 JavaScript 脚本语言，针对视频完成自定义的播放、暂停等工作，遗憾的是，这个标记支持的视频格式还不是很多，期待统一的标准出现。

课后习题

① 查找 HTML5 的<video>标记、<audio>标记支持的音视频格式，并尝试在网页中完成音视频的自动播放等效果。

② 打开任务 4 子任务 3 中课后习题完成的文件，将图片替换成本任务中的视频，并做适当的宽度、高度等样式的调整。

任务 6 创建网页表单元素

【学习目标】

- 理解表单标记的多种不同的表现形式。
- 掌握表单标记的格式、使用以及常见的属性的含义。
- 掌握 HTML5 中新增的表单标记属性。
- 掌握 CSS 的属性美化表单项的方法。
- 运用表单标记创建常见的网页表单元素，如留言板、注册页面等。
- 运用 CSS 相关属性美化多种表单元素。

【学习重点与难点】

- 重点：表单标记、placeholder 属性、主流的 type 属性值。
- 难点：表单元素的排列和美化。

表单元素又称交互元素，作为网站前端和后台进行沟通的媒介，可以实现浏览者和网页的交互，输入并提交注册信息，登录并实现留言功能，尤其 HTML5 增加了多个表单元素的表单项，提供了更好的输入控制，提高了交互的效率。

子任务 1 创建留言板页面

效果展示

如图 2.156 所示，使用 HTML 中的<form></form>表单标记及其相应的表单项，如<input>标记、<select></select>标记等实现留言板页面效果。

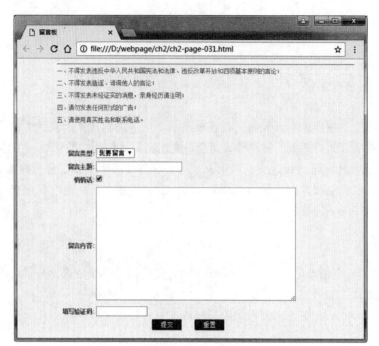

图 2.156　留言板页面效果

任务准备

（1）素材准备

图片素材（多张），网页文件：ch2-page-031.html

（2）HTML 的表单标记：<form></form>

该标记是一个块级元素，基本格式如下：

`<form action="url" method="get|post" enctype="mime"></form>`

其中，action="url"指定处理提交表单的格式，它可以是一个 URL 地址或一个电子邮件地址。method="get|post"指明提交表单的 http 方法。enctype="mime"指明用来把表单提交给服务器时的互联网媒体形式。

（3）表单项标记：<input>

该标记是一个行标记，存在于<form></form>标记对中间，基本格式如下：

<input type="类型">，不同的"类型"值，input 表现为不同的表单项形式，如文本、按钮、时间等。常见的 type 属性值如下：

<input type="text"/>：用于输入单行文本。

<input type="password"/>：用于显示密码字段。

<input type="submit"/>：用于提交表单数据至表单处理程序的按钮。

<input type="radio"/>：用于定义单选按钮。

<input type="checkbox"/>：用于定义复选框。

<input type="button"/>：用于定义普通按钮。

<input type="reset"/>：用于重置所有的表单项的内容。

（4）< input >标记的属性

value 属性：规定输入字段的初始值。

readonly 属性：规定输入字段为只读（不能修改）。

disabled 属性：规定输入字段是禁用的。被禁用的元素是不可用和不可点击的，也不会被提交。

size 属性：规定输入字段的尺寸（以字符计）。

maxlength 属性：规定输入字段允许的最大长度。

（5）HTML 中的\<select\>标记

该标记定义选择列表，存在于\<form\>\</form\>标记对中间。\<option\>标记存在于\<select\>\</select\>标记对中间，用以定义列表的选择项，基本格式如下：

```
<select name="myselect">
    <option value="option1"selected="selected">选择项 1</option>
    <option value="option2">>选择项 2</option>
    <option value="option3">>选择项 3</option>
</select>
```

其中，\<option\>的 selected 属性设定为默认的选项。

（6）HTML 中的\<textarea\>标记

该标记用于定义多行输入字段（文本域），一般也应用于表单标记中实现多行文字的输入或输出。

任务实现

① 打开网页文件 ch2-page-031.html，先对文本进行美化，调整行高、margin 等属性，css 属性设置的代码如下：

```
#section{
    width:600px;
    margin:10px 0 0 80px;
    line-height:2em;
    color:#918381;
}
```

网页浏览效果如图 2.157 所示。

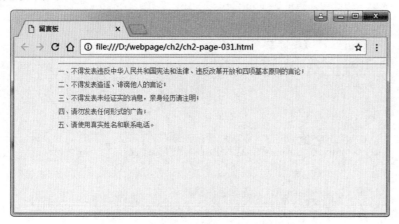

图 2.157　美化"留言板"文字效果图

② 在段落标记<p>后面，输入表单标记<form>，并设置适当的属性，此时 HTML 文档中部分代码截图如图 2.158 所示。

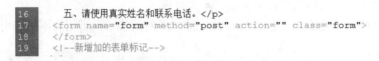

图 2.158　添加了<form>标记之后的 html 代码截图

③ 在表单标记内部输入一个 table 标记，包含 6 行 2 列，并且在每个单元格中添加适当的文本以及表单项，Dreamweaver 中设计视图中的效果如图 2.159 所示。

图 2.159　添加"留言板"输入表单项"设计视图"中效果

其中，表格的第一列是提示性的文字，表格的第二列分别是表单中的选择列表项<select>、文本字段<text>、复选框<checkbox>、文本区域<textarea>、文本字段<text>和两个按钮<button>，HTML 代码如下：

注意：表格最后一行的两个单元格通过 colspan 属性进行了合并。

```html
<form name="form" method="post" action="" class="form">
<table id="message" width="85%">
  <tr>
    <td width="15%" align="right">留言类型:</td>
    <td width="85%">
     <select name="select" id="mes_type">
      <option>我要留言</option>
      <option>床上用品</option>
      <option>家具类</option>
     </select>
    </td>
  </tr>
  <tr>
     <td align="right">留言主题:</td>
     <td><input type="text" name="textfield" id="mes_title"></td>
  </tr>
  <tr>
     <td align="right">悄悄话:</td>
     <td><input name="checkbox" type="checkbox" id="mes_private"
checked></td>
  </tr>
  <tr>
```

```
        <td align="right">留言内容:</td>
        <td><textarea name="textarea" id="mes_message"></textarea></td>
    </tr>
    <tr>
        <td align="right">填写验证码:</td>
        <td><input name="textfield2" type="text" id="textfield2" size=
"10"></td>
    </tr>
    <tr>
        <td colspan="2" align="center">
        <input type="submit" name="button" id="button" value="提交">
        <input type="reset" name="button2" id="button2" value="重置"></td>
    </tr>
    </table>
</form>
```

网页浏览效果如图 2.160 所示。

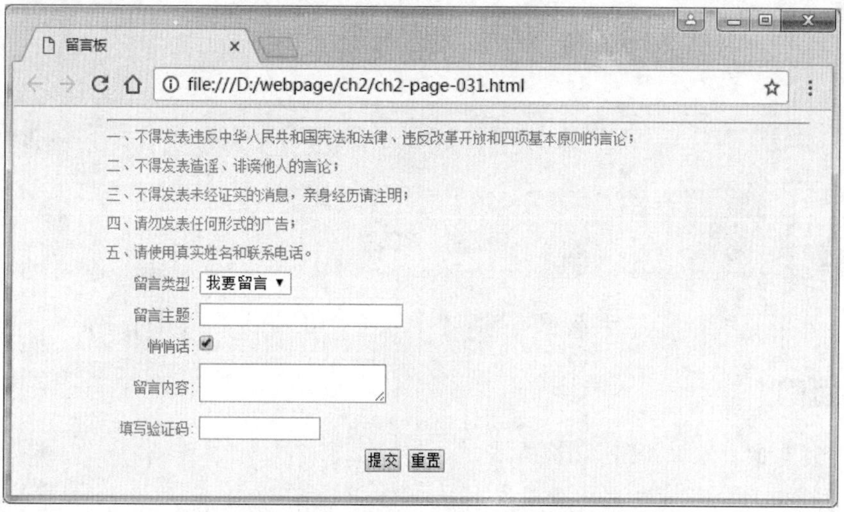

图 2.160　添加"留言板"输入表单项运行效果图

④ 使用 CSS 美化表单，代码如下：

```
#section .form #message{
    margin-top:40px;/* 设置 margin-top 与文本之间留出空白*/
}
#section .form{
    font-weight:bold;/* 设置表单中的文本加粗显示; */
}
#section #mes_message{
    width:400px;
    height:220px; /*设置留言内容的文本区域宽度和高度; */
}
#section #button,#section #button2{
    width:60px;
    background:url(../images/button.png) no-repeat;
    border:none;
    margin-left:20px;
    color:#fff;
    padding:3px 0 3px 0; /*设置2个按钮的背景图像以及文字颜色*/
}
```

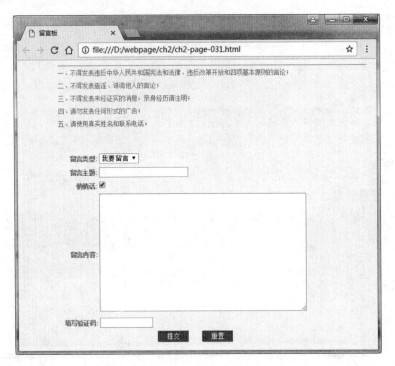

网页浏览效果如图 2.161 所示。完成后的网页文件可参见 ch2-page-031-finish.html。

图 2.161 "留言板"美化后的效果图

同步训练

制作登录页面，效果如图 2.162 所示。

图 2.162 登录页面的效果图

提示：① 根据效果图，可以使用两行两列的表格来完成，但是第二行内的每个单元格内部通过表格来实现会更加方便，所以需要使用表格的嵌套来完成。如图 2.163 所示，插入的嵌套表格的标记。注意表格嵌套时，是在<td>标记对内，另外，一定要保证嵌套的正确合理，否则的话，后续的 css 样式的使用会受到影响。阅读初始代码 ch2-page-033-finish.html 网页文件。

② 重新定义 body 标记的样式：

```
body{
    font-size:12px;
```

网页设计与制作（HTML5+CSS3）

118

```
color:#8e7e7b;
background-color:#fef7ee;
}
```

```
<table id="login" border="1px">
  <tr><!--#login表格的第一行-->
    <td colspan="2" class="ff"> </td><!--#login表格的第一行的内容-->
  </tr>
  <tr><!--#login表格的第二行开始-->
    <td><!--#login表格的第二行第一列内容的开始-->
      <table id="inleft"><!--<td>嵌套一个表格的开始-->
        <tr>
          <td></td>
          <td></td>
        </tr>
        <tr> <td co...></td> </tr>
        <tr> <td co...> </tr>
        <tr> <td al...> </tr>
        <tr> <td co...> </tr>
      </table><!--<td>嵌套一个表格的结束-->
    </td><!--#login表格的第二行第一列内容的结束-->
    <td><!--#login表格的第二行第二列内容的开始-->
      <table id="inright"> <!--<td>嵌套一个表格的开始-->
        <tr> <td al...> </tr>
        <tr> <td al...> </tr>
        <tr> <td al...> </tr>
      </table> <!--<td>嵌套一个表格的结束-->
    </td> <!--#login表格的第二行第二列内容的结束-->
  </tr><!--#login表格的第二行的结束-->
</table><!--外层#login表格的结束-->
```

图 2.163　登录页面嵌套 table 标记的代码截图

③ 相应的单元格中插入内容，部分 td 设置 align 属性以及 colspan 属性，设置<input
type="text">以及<input type="tpassword" >的 value 属性，效果如图 2.164 所示，注意 form 标
记与 td 标记的合理嵌套。

④ 设置相应的属性，CSS 代码如下：

```
#login {border:#a78c75 solid;}
.ff{ background-color:#a78c75; }
#login table{ margin:10px; }
#inright{width:165px;}
#inleft{width:200px;}
/*选择"立即注册"单元格，并设置其高度*/
#inright tr:first-child td{ height:80px;}
input[type='button']{ /*css的属性选择器*/
    background:#855f50;
    color:#fff;
    width:60px;
    height:26px;
    display:block;}
```

此时的运行效果图如 2.165 所示。

图 2.164　设置相关标记的属性之后的效果图　　　图 2.165　设定 CSS 样式之后的效果图

⑤ 继续修改并设置相关属性值，将#login 的 table 标记的 border 属性取消，在#login 的

CSS 样式中，设置 border 的样式为：border:#a78c75 solid;另外，设置

#left 的样式为：border-right:#603 1px dashed;

此时的运行效果图如图 2.162 所示，完整效果可参见 ch2-page-034-finish.html 网页文件。

知识拓展

（1）HTML 中的<button>标记：

用于定义一个按钮，和<input type="button">创建的按钮有一些不同。<button>标记是一个双标记，标记对之间可以是文本，也可以是图像。也就是说<button>标记对之间的内容都是可单击的区域。这样的话，我们就可以创建一个包括图像和文本的按钮。HTML5 中还提供了 autofocus 等更多的属性。

（2）HTML5 新增表单属性：placeholder

placeholder 属性规定用以描述输入字段预期值的提示。该提示会在用户输入值之前显示在输入字段中。placeholder 属性适用于以下输入类型：text、search、url、tel、email 以及 password。和<input>标记的 value 属性的区别是：placeholder 属性只有在 value 为空时才显示，并且因为仅起提示的作用，不会被表单提交。

比如前面创建的"留言板"中，修改"留言主题"部分的代码如下：

```
<tr>
    <td align="right">留言主题:</td>
    <td><input type="text" name="textfield" id="mes_title" placeholder="
请一定输入主题"></td>
</tr>
```

浏览器中的运行效果如图 2.166 所示。

（a）输入内容之前　　　　　　（b）输入内容之后

图 2.166　placeholder 属性的效果

（3）HTML 中的<label>标记及其 for 属性

<label> 标签为 input 元素定义标注（标记），同时为鼠标用户改进了可用性。前面的登录页面中"记住我"之前的复选框，单击可以选择，再次单击取消，此时单击"记住我"这几个字，复选框是没有响应的。但是如果调整为<label><input type="checkbox" checked="checked" /> 记住我</label>，此时，"记住我"文字就可以响应复选框。

另外，HTML5 还为<label> 标签增加了 for 属性，用于规定<label>标记应该与哪个表单项绑定，但是这个需要绑定的表单项需要设置一个 id，作为 for 属性的属性值。实现上面的效果，HTML 标记的代码如下：

```
<td align="left">
<input type="checkbox" checked="checked" id="remember"/>
<label for="remember">记住我</label>
</td>
```

✎ 课后习题

自学知识拓展的内容：

① 用<button>标记修改登录页面的登录按钮效果。

② 使用<label>的 for 属性完成登录页面的"记住我"部分，使得点击"记住我"也可以实现复选框的选择。

子任务 2　创建用户登录页面

💻 效果展示

如图 2.167 所示，使用 HTML5 中新增的表单项，结合 CSS3 属性，实现具有移动端网页特性的注册页面效果。

✋ 任务准备

① 素材准备：图片素材（多张），网页文件 ch2-page-035.html。

② Html5 新增了很多表单项，提供更好的输入控制的同时也提高了交互的效率。具体的含义如下：

<input type="number"/>：用于应该包含数字值的输入字段，能够对输入的数字范围做出限制。

<input type="date">：用于应该包含日期的输入字段。

<input type="color">：用于应该包含颜色的输入字段。

<input type="range">：用于应该包含一定范围内的值的输入字段。

图 2.167　用户登录页面效果

<input type="month">：允许用户选择月份和年份。

<input type="week">：允许用户选择周和年。

<input type="time">：允许用户选择时间（无时区）。

<input type="datetime">：允许用户选择日期和时间（有时区）。

<input type="datetime-local">：允许用户选择日期和时间（无时区）。

<input type="email">：用于应该包含电子邮件地址的输入字段，有些浏览器还支持提交时自动对电子邮件地址进行验证。

<input type="search">：用于搜索字段。

<input type="tel">：用于应该包含电话号码的输入字段。

<input type="url">：用于应该包含 URL 地址的输入字段，有些浏览器支持提交时自动验证 url 字段。

③ CSS 的选择符":not()"，匹配非指定元素/选择器的每个元素。比如：:not(p){}，用以选

121

择左右标记，但是排除<p>标记；再比如：#wrapper input:not(:last-child){}，用以选择具有 id 为 wrapper 的标记内，所有的<input>标记，但是排除最后一个<input>标记。

④ CSS 的:required 选择器，在表单元素是必填项时设置指定样式，只适用于 input、select 和 textarea 表单元素。

⑤ CSS 的:focus 选择器，用于选取获得焦点的元素。一般情况下，接收键盘事件或其他用户输入的元素都允许 :focus 选择器。比如：

```css
textarea:focus{
    text-shadow: 1px 1px 3px #777;
}
```

🖥️ 任务实现

① 创建网页文件，并保存为 ch2-page-035.html。创建 CSS 样式文件 ch2-css-035.css，然后链接到网页文件中。

② 打开网页文件，输入基本的 HTML 标记，并设置相应的样式。

HTML 代码如下：

```html
<div id=wrapper>
  <form id="reg">
    <h2>注册信息</h2>
  </form>
</div>
```

CSS 样式代码如下：

```css
* {   margin: 0px;
      padding: 0px;   }
#wrapper {
    width: 360px;      margin: 10px 10px 10px 300px;
    text-align: center;      padding: 20px 0 20px 100px;
    background: rgb(244,244,244);
    -webkit-border-radius: 25px;
    border-radius: 25px;
    border: 3px double #963;   }
#wrapper h2 {
    color: #71C1ED;    font-size: 27px;   }
    *:focus {    outline: none;    }
```

此时的效果如图 2.168 所示。

注册信息

图 2.168　注册页面框架部分的搭建

③ 根据样张效果图，在 form 标记中添加表单项，其 HTML 代码如下：

注意：这里是主要的一些代码，其他请参照效果图自行补充。

```html
<label for="username">用户名:</label>
    <input id="username" type="text" required placeholder="请填写用户名" />
```

```
<label for="password1">密码:</label>
<input id="password1" type="password" required placeholder="请填写密
码"/>
<label for="email">邮箱地址:</label>
<input id="email" type="email" required placeholder="www.gench.edu.cn" />
<label for="website">个人网址:</label>
<input id="website" type="url" required placeholder="http://www.
example.com" />
<label for="age">年龄:</label>
<input id="age"  type="number" min=18 step=2 pattern="[0-9]{1,3}"
placeholder="填写年龄"/>
<label for="gdtime">毕业时间</label>
<input type="month" id="gdtime" placeholder="YYYY-MM" required
maxlength="7" />
<label for="description">个人简介:</label>
<textarea id="description" cols="30" rows="5" placeholder="这里是个人
简单介绍"></textarea>
<input type="submit" value="提交" />
```
效果图如图 2.169 所示。

图 2.169　添加了表单项的效果图

④ 设置相关的 CSS 属性，代码如下：

```
*:focus {
    outline: none;    }
label, input, textarea {
    display: block;    }
input[type=submit] {/*css属性选择器*/
        padding: 10px;    width: 220px;    }
label {
    font-size: 17px;    font-weight: bold;
    margin: 17px 0 7px;    text-align: left;
        text-shadow: 1px 1px 0 #fff;    }
textarea {
    resize: both;/*文本域大小可以调节*/
```

```
        max-width: 400px;/*调节的最大宽度*/
        margin-bottom:20px;
    }
```

效果图如图 2.170 所示。

⑤ 设置表单项的 CSS3 属性，实现良好的交互效果，代码如下：

```
input::-webkit-input-placeholder,
textarea::-webkit-input-placeholder {
color: #aaa;
font-style:italic;
text-shadow:1px 1px 0 #fff;
}/*placeholder 的默认样式的修改*/
#wrapper input:not(:last-child), textarea {
    padding: 5px 10px;
    -webkit-border-radius: 10px;
    border-radius: 10px;
    border: 1px solid #fff;
    width: 200px;
    text-shadow: 1px 1px 1px #777;
    -webkit-box-shadow: 0px 2px 0px #999;
    box-shadow: 0px 2px 0px #999;
}
```

此时的效果图（部分）如图 2.171 所示。

图 2.170　设置基本表单样式的效果图

图 2.171　部分表单项的 CSS3 设置效果

⑥ 当表单项处于焦点时，设置了适当的缩放效果，CSS 代码如下：

```
#wrapper input:not(:last-child):focus, textarea:focus{
    -webkit-transform: scale(1.1);
    transform: scale(1.1);
    -webkit-box-shadow: 5px 3px 1px #ccc;
    box-shadow: 7px 7px 2px #ccc;
    text-shadow: 1px 1px 3px #777;
}/*排除最后一个 input 标记"提交"的样式设置*/
```

此时的效果图如图 2.172 所示。

⑦ 必填的一些表格项，在单击"提交"按钮时，通过一些提示来提高输入效率，建立良好的用户体验，CSS 代码如下：

```
#wrapper input:not(:last-child):required {
background:#F0F0EF;
background:-webkit-gradient(linear, left top, left bottom, from(#E3E3E3),
to(#FFFFFF));
}
#wrapper input:not(:last-child):required:valid {
```

```
background:#F0F0EF;
background:-webkit-gradient(linear, left top, left bottom, from(#E3E3E3),
to(#FFFFFF));
}
#wrapper input:not(:last-child):focus:invalid,
#wrapper input:not(:last-child):not(:required):invalid {
background:#F0F0EF;
background:-webkit-gradient(linear, left top, left bottom, from(#E3E3E3),
to(#FFFFFF)); /* Saf4+, Chrome */
}
```

此时的效果图如图 2.173 所示。

图 2.172　表单项获得"焦点"时的效果　　　图 2.173　必填的表单项没有填写时的效果图

完整效果可参见 ch2-page-035-finish.html 网页文件。

同步训练

参照如图 2.174 所示的效果，使用 HTML3 新增的一些表单项完成效果图。

图 2.174　收货地址表单的效果图

提示：

① HTML 标记使用 ul/li 来完成，可参考图 2.175。

```
<div id="wrapper">
  <form id="shoppingForm">
    <h1>收货地址表单</h1>
    <ul>
      <li>
        <label for="name">姓名</label>
        <input type="text" id="name" placeholder="收货人" required
maxlength="50" />
      </li>
      <li> <label...></label></li><!--电话表单项-->
      <li> <label...></label></li><!--select标记-->
      <li> <label...> </label></li><!--textarea标记-->
      <li> <label...></label></li><!--text属性-->
      <li> <label...></label></li><!--type=month-->
      <li> <label...></label></li><!--type=email-->
    </ul>
    <input type="submit" name="shoppingconfirm" value="提交" />
  </form>
</div>
```

图 2.175　收货地址表单 html 标签

② 部分 CSS 代码如图 2.176 所示。

```
#wrapper {
    background: -webkit-gradient( linear, left bottom,
    left top, color-stop(0, #f5eedb), color-stop(1, #faf8f1) );
    box-shadow: 0 0 .5em rgba(0, 0, 0, .8);
    -webkit-box-shadow: 0 0 .5em rgba(0, 0, 0, .8);
}/*部分设置*/
label {
    display: block;
    float: left;
    text-align: right;
    width: 30%;
}/*部分设置*/
input, select, textarea {
    display: block;
    padding: .4em;
    width: 60%;
}/*部分设置*/
input[type="submit"] {
    box-shadow: 0 0 .5em rgba(0, 0, 0, .8);
    -webkit-box-shadow: 0 0 .5em rgba(0, 0, 0, .8);
    }/*提交按钮的阴影的设置*/
input[type="submit"]:hover {}/*设置鼠标经过提交按钮的样式*/
```

图 2.176 收货地址表单部分 CSS 代码

③ 表单项聚焦时的效果图如图 2.177 所示。

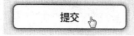

图 2.177 收货地址表单项聚焦时的效果

鼠标经过"提交"按钮的效果，如图 2.178 所示。

图 2.178 收货地址表单中鼠标经过"提交"按钮的效果

完整效果可参见 ch2-page-036-finish.html 网页文件。

知识拓展

CSS3 的浏览器私有属性前缀

CSS3 的很多属性还没有成为 W3C 标准的一部分，导致不同浏览器对其的支持也是不统一的，所以浏览器为了支持这种属性，在属性前面加一个前缀，代表这个浏览器的私有属性，可创建的私有属性如下：

① -moz-：代表 firefox 浏览器私有属性。

② -ms-：代表 ie 浏览器私有属性。

③ -webkit-：代表 safari、chrome 私有属性。

例如，设置某个 div 的圆角效果，CSS 的定义代码如下：

```
Div#yjiiao{ -webkit-border-radius: 4px;
    -moz-border-radius: 4px;
    border-radius: 4px;    /*先写私有属性，再写标准属性*/}
```

还比如，修改 placeholder 默认的样式，CSS 代码如下：

```
input::-webkit-input-placeholder { /* WebKit browsers*/
color: #aaa;
font-style:italic;               }
input:-moz-placeholder {  /* Mozilla Firefox 4 to 18*/
color: #aaa;
font-style:italic;                    }
```
其他使用的详情可参考本节的任务实现过程中的代码。

课后习题

自学知识拓展的内容：

① 调研 HTML5 新增的表单标记都适用在什么场合？移动端 HTML5 表单标记的表现形式有哪些？

② 使用 HTML5+CSS3，重新创建一个登录页面。

试着将使用 CSS3 选择器的部分使用基本的非 CSS3 选择器完成，并针对两者进行比较。

单 元 小 结

本单元主要介绍网页中的各种元素的 HTML 标记、创建方法、美化方式以及相关的 CSS 属性的应用。主要介绍的元素包括文本元素（普通文本、超链接文本及页面之间的链接方式、特效文字）、图像元素（图像、背景图像、图像特效）、布局元素（div、table）、网页导航元素、媒体元素（video、audio）、表单元素等。另外，还介绍了 CSS 样式文件的创建和使用、CSS 的长度单位、伪类选择符、CSS 的优先级、盒子模型、浏览器私有属性前缀等相关知识点。

单元③

→ 网 页 布 局

单元 2 讲解了网页的各种元素的创建方法,本单元主要讲解如何高效率地创建网页元素,如何"摆放"这些网页元素从而形成不同的"区域",进而实现不同的"区域"在网页中同时出现,甚至还能随着浏览网页终端改变而正确地显示,人们把这些称之为"网页布局"。

任务 1　实现网页单一布局

一列布局,从整体上来说,就是使用 div 等块标记自上而下标注若干个区域,每个区域放置相应的网页元素,形成一列布局的网页,实际上就是默认的普通文档流的概念。

【学习目标】
- 理解网页布局的概念。
- 理解浏览器的兼容性。
- 掌握 "@Media" 属性。
- 掌握 CSS 样式文件的链接方法。
- 理解 CSS 的重置,CSS 全局选择器的概念。
- 掌握 CSS 的 id 选择器的作用以及使用方法。
- 掌握创建自适应网页的方法。
- 了解 CSS 的属性:鼠标特效、CSS 滤镜。
- 运用 id 选择器创建布局元素。
- 运用 media 属性实现自适应网页。
- 学会根据不同的需求进行 CSS 样式的重置。

【学习重点与难点】
- 重点:CSS 重置、CSS 的 id 选择器、浏览器兼容性。
- 难点:media 属性的使用。

🖥️效果展示

如图 3.1 所示,借助于单元 2 实现的多个网页元素,使用 CSS 中 id 选择符实现一列布局的网页。

图 3.1　一列布局的效果图

任务准备

（1）素材的准备

images 文件夹下的 ylbj_01.jpg ~ ylbj_07.jpg 图像。

（2）浏览器的兼容性

通常情况下，不同浏览器对于同样的代码解释可能出现不统一的情况，导致页面的显示效果不一致，而人们往往希望同一段代码不论在哪个浏览器中浏览都应该是统一的显示效果。兼容性问题是 Web 前端开发经常遇到的问题。已经有很多的方法解决各种不同的兼容性问题，如前面讲过浏览器的私有属性问题，就是兼容性问题解决方法之一。还有，CSS 重置问题，其实也是为了避免出现兼容性问题，最常见的就是 margin 和 padding 的重置。还有鼠标样式、垂直居中等 CSS 样式问题，都存在一定程度的浏览器兼容性问题。

大多时候，IE 浏览器对于 CSS 样式的兼容性不是很好。一些解决方法参见本书的附录 A。

（3）@media 查询

该查询的作用是针对不同的媒体类型或者相同的媒体类型在不同的条件下可以定义不同的样式，意味着可以根据不同终端的屏幕大小，显示不一样的网页效果，给用户更好的体验，就是通常所说的响应式布局。重置浏览器大小的过程中，页面也会根据浏览器的宽度和高度重新渲染页面。

语法格式 1：

```
@media media type and|not|only (media feature) {/*css style*/ }
```

其中，媒体类型（media type），如"print"，用于打印或打印预览；"screen"，用于计算机屏幕、平板电脑、智能手机等；"speech"，应用于屏幕阅读器等发声设备等等。媒体特性（media feature），如"device-height"，定义输出设备的屏幕可见高度；"max-device-height"，定义输出设备的屏幕可见的最大高度；"max-height"，定义输出设备中的页面最大可见区域高度；"resolution"，匹配设备的物理分辨率等。大部分媒体特性都接受 min 和 max，用于表达"大于或等于"和"小于或等于"。如 height，有"max-height"也有"min-height"。

举例 1：

```
@media screen
        {     p.test { p.test {font-weight:bold;}      }
@media print
        {     p.test { p.test {font-weight:normal;}       }
```

举例 2：

```
@media screen and (max-width: 300px)
        {      body {background-color:#f00;}           }
```

举例 3：

```
@media (min-device-width:1024px) and (max-width:989px), (max-device-width:
480px) and (orientation:landscape), (min-device-width:480px) and (max-device-
width:1024px) and (orient ation:portrait) {/*css style*/}
```

其中：

- "orientation"， 定义输出设备中的页面可见区域高度是否大于或等于宽度，实际就是设备的手持方向，横向还是竖向。
- 计算机显示器分辨率（宽度）大于或等于 1 024px（并且最大可见宽度为 989px）。
- 屏宽在 480px 以及横向（即 480 尺寸平行于地面）放置的手持设备。
- 屏宽大于或等于 480px 小于 1 024px 以及垂直放置设备。

语法格式 2：

```
<link rel="stylesheet" media="media type and|not|only (media feature)"
href="mystylesheet.css">
```

举例 1：

```
<link rel="stylesheet" type="text/css" media="only screen and (max-
width: 480px), only screen and (max-device-width: 480px), prejection" href=
"link.css"/>
```

这条命令也可以使用 Dreamweaver 中链接外部 CSS 样式文件的对话框中选择，这个样式文件针对的媒体类型，详见单元 2 相应的内容介绍。

注意：一些 CSS 属性只设计了某些媒体。例如 voice-family 属性是专为听觉用户代理；font-size 属性可用于屏幕和印刷媒体，但有不同的值。

（4）CSS 的 ID 选择符

ID 选择符的作用是为 HTML 标记设定单独的样式，这个样式是这个标记独有的，其语法格式为：

```
#id 名 {属性:属性值；属性:属性值 …}
标记 #id 名 {属性:属性值；属性:属性值 …}
```

不同于前面介绍的 CSS 类选择符，id 选择符在定义时，是通过#来进行标识的，其在 HTML 标记中的使用方法为：

```
<标记 id="类名称"></标记>
<标记 id="类名称 1 类名称 2 ..."></标记>
```

比如：<div id="banner"></div>，代表一个具有"banner"标识的 div，区别于其他的 div，实际上在布局网页时，通常使用带有 id 属性的 div 标记实现一个"区域"，多个不同的"区域"就构成了网页的布局。

![任务实现]

① 创建网页文件 ch3-page-001.html，然后通过设置若干个 id 的 div 完成一列布局的 HTML 结构的创建，从 div 标记的本身的作用可以知道，实际上就是对网页划分了不同的"区域"，实现了网页布局。代码如下：

```
<body>
    <div id="bj1"></div>
    <div id="bj2"></div>
    <div id="bj3"></div>
    <div id="bj4"></div>
    <div id="bj5"></div>
    <div id="bj6"></div>
    <div id="bj7"></div>
</body>
```

② 设置所有 div 的 CSS 样式，border、width、height 等属性，CSS 样式代码如下：

```
body {
    background: #9C9;
}
div {
    width: 1300px;
    height: 260px;
    border: #000 dashed 1px;
}
```

此时的效果图（部分）如图 3.2 所示。可见块标记默认的文档流效果，从左到右，从上到下。每一个 div 占据着浏览器的宽度，虽然本身已经设置了宽度，从 border 属性值可以看出效果。

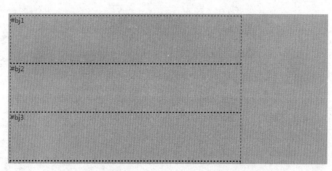

图 3.2　一列布局的 html 结构效果图

③ 在每一个 div 中依次添加图像文件，"ylbj_01.jpg" ~ "ylbj_07.jpg"，浏览网页效果，由于 div 设置了 height 属性，所以不同图片的显示效果不一样。去除 div 的 height 属性，再次浏览网页效果。块级标记没有设置高度的情况下，图像（div 内部内容）的高度就是 div 的高度。

④ 设置网页内容在浏览器中居中的效果，可以通过 margin 属性进行设置，块标记在含有宽度属性的基础上，设置 margin 左右属性值为 auto，就可以实现这个块标记的居中显示效果。这个例子中就是给 div 的样式增加{ margin:0 auto; }，此时的效果如图 3.3 所示。

⑤ 从上面的例子可见，由于图像的宽度小于 div 的宽度，所以居中的效果实际上是以

div 的宽度为基准的。所以重新设置 div 的宽度为图像的宽度，然后取消边框属性的设置，现在的效果图如图 3.4 所示。

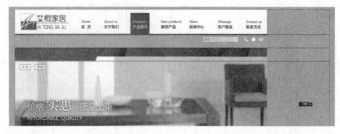

图 3.3　设定宽度值后的居中效果

图 3.4　网页内容居中的效果

⑥ 从顺序流的角度，看浏览器的显示效果，id="bj3"位于 id="bj2"的下面，但是从最终的效果来看，id="bj3"和 id="bj2"是叠加的效果，在不改变普通顺序流的基础上，可以通过 margin 的负值来完成效果。CSS 的代码设置如下：

```
div#bj3 {
    margin: -51px auto 0 auto;
}
```

此时最终效果如图 3.1 所示。

注意：margin 属性接受任何长度单位、百分数值甚至负值。margin 属性值在 4 个方向都可以设置负值，实际上是缩小块标记的外围，除了这里的用法，后续还可以看到 margin 设置负值的使用场合。

同步训练

将本任务创建的网页，通过添加 CSS 的 media 属性，实现自适应的网页，终端的浏览器宽度不一样的情况下，显示不一样的图片大小。

如图 3.5~图 3.7 所示，是任务中的网页效果在 3 个不同浏览器尺寸下的显示效果。

图 3.5 最大尺寸情况下的显示效果

图 3.6 中等尺寸情况下的显示效果

图 3.7 最小尺寸情况下的显示效果

提示：使用@media 查询，实现本任务中的网页，在不同的终端可以实现图片的自动缩放，从而达到较好的显示效果。设置的 CSS 样式代码如下：

```
@media (min-width:1920px) {
    body {  background: #F00;  }
    img {  width: 100%;  height: 100%;  }
}
@media (min-width:1377px) and (max-width:1919px) {
    body { background: #0F0;     }
    img {  width: 80%; height: 80%;   }
}
@media (max-width:1366px) {
    body {  background: #00F;    }
    img {  width: 60%; height: 60%;   }
}
```

完整代码可见 ch3-page-001-finish.html 网页文件。

📝 知识拓展

（1）响应式布局的元素设置为相对值

需要根据屏幕尺寸调整元素的布局，所以不能使用绝对宽度，最好使用百分比宽度，如布局元素的自适应 div{ width:30%}; 图片的自适应 img{width:100%;}。

以 em 的方式设置所有元素的单位，如设置主容器或 body 的 font-size，以此为基础，以 em 为单位计算并设置其他所有元素：

```
body { font-size: 18px; }//字体大小是 18 像素
h1 { font-size: 1.5em; }  //h1 的大小是默认大小的 1.5 倍，即 27 像素
```

（2）rem 与 em

rem 与 em 是顺应不同网页字体大小显示而产生的。em 是相对其父元素，rem 是始终相对于 HTML 大小，即页面根元素，在实际应用中相对而言 rem 会更加方便。

（3）Viewport 视口的概念

Viewport 用以兼容移动设备的显示，具体格式如下：

```
<meta name="viewport" content="width=device-width, initial-scale=1.0,
maximum-scale=1.0, user-scalable=no">
```

其中：

width = device-width：宽度等于当前设备的宽度。

initial-scale：初始的缩放比例（默认设置为 1.0）。

minimum-scale：允许用户缩放到的最小比例（默认设置为 1.0）。

maximum-scale：允许用户缩放到的最大比例（默认设置为 1.0）。

user-scalable：用户是否可以手动缩放（默认设置为 no）。

目前随着 Web 前端技术的发展，还有很多框架技术，能够很好地实现不同终端的自适应效果，可查询相关的资料进行学习。

✏️ 课后习题

① 结合实践课程，通过切图实现一列布局的自定主题的网站首页。

② 从 Internet 中查找更多的兼容性问题，并通过相应的方法进行解决。

任务2 实现网页多列布局

任务1中介绍了一列布局（自适应）的创建，就是若干个布局标记div，通过顺序文档流的方式将网页元素（图像）进行了显示，但实际上div标记内部的网页元素可以是任何网页元素，而且可以通过float、position等属性将网页元素脱离普通文档流，以此实现多列布局的效果，这是最常见的一种布局形式。同时CSS3还提供了弹性布局方式，这里做简单介绍。

【学习目标】

- 理解网页布局的概念。
- 理解网页的文档流、浮动流的概念。
- 理解CSS的margin属性值的单位的含义。
- 掌握CSS的float属性在布局中的应用方式。
- 理解CSS3新增的box-sizing属性的含义。
- 运用float属性实现网页的多列布局。
- 运用column-count属性实现网页内容的分列布局。
- 运用box-flex实现弹性布局。
- 网页布局中学会应用margin负值。
- 运用overflow属性解决父容器自适应的问题。

【学习重点与难点】

- 重点：float布局、margin负值。
- 难点：column-count属性。

子任务1 使用float属性实现网页多列布局

效果展示

如图3.8所示，使用CSS中float属性实现多列布局的网页。

图3.8 组合若干"区域"形成多列布局网页

任务准备

（1）素材的准备

前面章节完成的若干个"区域"的源文件。

（2）CSS 的 float 属性在网页布局中的作用

float 属性可以产生图文混排的效果，同时也可以用来改变文档的普通文档流，设置块级元素并列在一行上进行显示的效果，以此实现多列布局。

当元素浮动时，它将不再处于文档流中，相当于浮在文档之上，不占据空间，但是会缩短行框。也就是块级元素设置 float 属性以后就没有默认的 100% 宽度。

如图 3.9（a）所示，3 个 box 块级元素设置宽度后在普通文档流中的效果；如图 3.9（b）所示，第一个 box 元素设置了{float:right;}之后的效果，脱离了普通文档流，所以后面两个 box 依次上移。

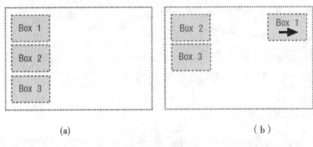

(a)   （b）

图 3.9　块级元素设置 float 属性与否的效果对比图

如图 3.10 所示，是 3 个 box 都设置左浮动的效果；如图 3.11 所示，在浏览器宽度缩小的情况下，第三个 box 移动至第二行，继续从左开始显示的效果。

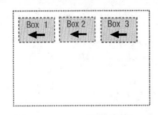

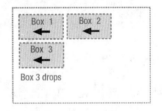

图 3.10　float 属性说明 1　　　　　　图 3.11　float 属性说明 2

如图 3.12 所示，只有第一个 box 左浮动的效果，由于漂浮在上方，所以覆盖了第二个 box。如图 3.13 所示，3 个 box 都设置了左浮动，但是由于第二个 box 的高度小于第一个 box 的高度，所以在宽度不够的情况下，浮动的第三个 box 换到第二行时，会从第二个 box 的下方开始浮动。

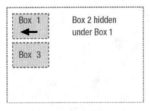

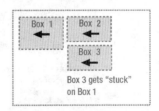

图 3.12　float 属性说明 3　　　　　　图 3.13　float 属性说明 4

（3）CSS 的清除浮动属性：clear

浮动的特点决定了使用浮动的元素和其周边的元素之间会产生环绕的效果，但是在布局网页时，并不是任何时候都需要环绕效果，所以 clear 属性用来清除这种环绕效果，也就是可以设置元素的左、右是否允许出现"浮动"元素，不允许"浮动"，就是可以让"浮动"元素换行。其语法格式：

Clear: none|left|right|both

其中：none 是默认值，元素两边都允许出现浮动元素。

如图 3.14 所示，区域 2 设置了左浮动"float：left；"的效果；如图 3.15 所示，是把区域 2 的左浮动清除"clear：left；"的效果，可见是产生了换行效果。

图 3.14　"区域 2"设置"float：left"的效果

图 3.15　"区域 2"继续设置"clear：left"的效果

任务实现

① 任务 1 中实现的一列布局，主要是通过网页元素的截图来完成的，实际上前面几章已经实现了一些网页元素，所以打开任务 1 中完成的网页文件，另存为 ch3-page-002.html 文件。根据分析，可以将网页效果图进行区域的划分，如图 3.16 所示。

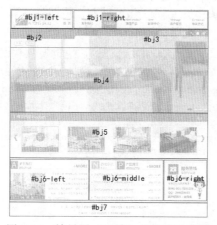

图 3.16　效果图"区域"的划分示意图

② 根据文档流中元素按照从上到下，从左到右，互不交叉的原则，以及 HTML 标记合理嵌套的原则，对于如图 3.16 所示区域的划分，修改 HTML 部分的代码如下：

```
<div id="container"><!--最外围的div块级元素，也即整个网页的"容器"-->
  <div id="bj1">
    <div id="bj1-left"></div>
    <div id="bj1-right"></div>
  </div>
    <div id="bj2"><img src="../images/ylbj_02.jpg"/></div>
    <div id="bj3"><img src="../images/ylbj_03.png"/></div>
    <div id="bj4"><img src="../images/ylbj_04.jpg" /></div>
    <div id="bj5"><img src="../images/ylbj_05.jpg"/></div>
    <div id="bj6">
    <div id="bj6-left"></div>
    <div id="bj6-middle"></div>
    <div id="bj6-right"></div>
  </div>
    <div id="bj7"><img src="../images/ylbj_07.jpg"/></div>
</div>
```

从纵向的角度，该网页应该说是三列布局的，但每一行都是并行的，所以通过 float 属性基本都可以实现。这里主要讲解 #bj1 和 #bj6 两部分，其他部分可直接替换掉。

③ 首先完成#container 的相关设置，设置固定宽度和居中效果，CSS 代码如下：

```
* {
    margin: 0px;
    padding: 0px;
}
#container {
    width: 1042px;
    margin: 0 auto;
}
```

设置好之后，容器内部的相应内容不能超过这个宽度。

④ 实现 div id="bj1" 的效果。将前面相应章节的 HTML 文档、CSS 样式、图像文件等内容，复制到当前网页文件中相应的位置中："bj1-left" 和 "bj1-right"。此时的效果图如图 3.17 所示。注意，每个单独文件使用的 CSS 样式有可能存在冲突，或存在重复设置的地方，请在组合代码时多加注意。另外，来自于每个 HTML 文件的 CSS 样式，最好是作为单独的 CSS 文件存在，然后通过链接外部文件的方式引用 CSS，这里的链接代码如下：

```
<link href="../style/text-logo.css" rel="stylesheet" type="text/css"/>
<link href="../style/iamge-logo.css" rel="stylesheet" type="text/css" />
<link href="../style/ch2-css-001.css" rel="stylesheet" type="text/css"/>
<link href="../style/ch2-css-027-finish.css" rel="stylesheet" type="text/css">
<link href="../style/twhp.css" rel="stylesheet" type="text/css">
<link href="../style/ch2-css-029-finish.css" rel="stylesheet" type="text/css">
```

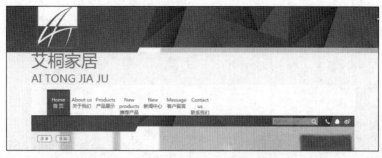

图 3.17 "id=bj1"部分子区域的"拼装"1

⑤ 改变"id=bj1"内部的两个 div 标记，也即"子区域"的普通文档流效果，形成非普通文档流，使用 float 属性完成。另外，"id=bj1"设置一个高度，便于背景颜色的统一设置，CSS 设置的样式代码如下：

```
#bj1 {
    background-color: #fff;
    height: 140px;
}
#bj1 div,#bj1-left p {
    float: left;
}
#bj1-right {
    padding-top: 42px;
}
```

还需要适当的调整大小、间距等样式，代码仅供参考，此时的效果图如图 3.18 所示。

图 3.18 "id=bj1"部分子区域的"拼装"2

⑥ "拼接"div id="bj6"部分，将前面相应章节的 HTML 文档、CSS 样式、图像文件等内容，复制到当前网页文件中相应的位置中："bj6-left""bj6-middle""bj6-right"。首先根据规划图（效果图），通过设置 3 个部分的固定宽度以及 float 属性，实现三列布局，CSS 样式设置如下：

```
#bj6-left {
    float: left;
    width: 350px;
}
#bj6-middle {
    float: left;
    width: 440px;
}
#bj6-right {
    float: right;
```

```
    width: 250px;
    margin-top: -10px;/*根据需要适当设置*/
}
```

此时的效果图如图 3.19 所示。

图 3.19 "id=bj6"部分子区域的"拼装"1

⑦ 从图 3.19 中可见，由于#bj6 每个部分都设置了 float，导致#bj7 部分形成了图文混排的效果。所以，可以通过设置 clear 属性取消这种环绕效果，设置的 CSS 样式的代码如下：

```
.clearfix {
    clear: both;
}
```

HTML 标记使用属性的代码如下：

`<div id="bj7" class="clearfix"> </div>`，此时的效果如图 3.20 所示。

图 3.20 "id=bj6"部分子区域的"拼装"2

⑧ 至此，多列布局网页的效果基本完成，最终的效果图如图 3.8 所示。"拼接"的过程，实际上因为若干个"区域"已经事先完成，而且一定要考虑每个"区域"的 id 选择符的正确使用。另外，注意 CSS 样式在设置的过程中，要考虑优先级问题、继承性问题等。

⑨ 布局时，也可以使用百分比的方式设置"区域"的宽度，以实现随着浏览器的宽度变换而变化，最简单的就是将相应的容器的宽度的属性值设置百分比单位，也就是通常所说的自适应布局。相应的代码如下：

```
#bj6-left {
    float: left;
    width: 33%;
}
#bj6-middle {
    float: left;
    width: 41%;
}
#bj6-right {
    float: right;
```

```
    width: 25%;
    margin-top: -10px;/*根据需要适当设置*/
}
```

完整代码可参见 ch3-page-002-finish.html 网页文件。

注意： 前面讲解 display 属性时，其属性值 inline-block 可以方便地实现多个 div 在一行内显示，也就是说可以实现和 float 一样的效果。默认情况下，设置了 inline-block 的 div 采用底端对齐，如果布局时想设置为顶端对齐，可以设置 div 的 vertical-align: top;即可解决这个问题。使用 inline-block 属性值必须设置宽度，但不需要使用 clear 属性清除不需要的浮动。

📖同步训练

前面任务中实现登录页面是使用 table 布局完成的，实际上也可以使用 div+float 来完成，效果如图 3.21 所示。

图 3.21 用户登录页面效果

① 打开网页文件 ch3-page-003.html。该页面目前没有实质性的内容，只有几个 div，它们的布局方式如图 3.22 所示。

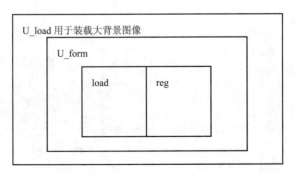

图 3.22 创建用户登录页面 div 布局

② 为这几个 div 设置背景图像、宽度和高度；u_load 和 u_form 这 2 个 div 设置为居中；load 和 reg 这 2 个 div 设置为左浮动；并加上提示性的边框，现在可以看到页面整体布局。代码如下：

```
#u_load{
    width:998px;
    height:613px;
    margin:0 auto;/*div居中*/
    background:url(../images/load_bg.png) no-repeat;/*装载大背景图像*/
    padding-top:140px;
}
#u_load #u_form{
    width:355px;
    height:235px;
    margin:0 auto;/*表单居中*/
    border:1px solid #a69c9c;
    border-top:44px solid #a78c75;
    background:#fff;
}
#u_load #u_form #load{
    width:195px;
    height:235px;
    float:left;
    text-align:center;
    border:1px solid red;/*提示性边框*/
}
#u_load #u_form #reg{
    width:155px;
    height:235px;
    text-align:center;
    float:left;
    border:1px solid blue;/*提示性边框*/
}
```

网页浏览的效果如图 3.23 所示。

③ 在 id 为 load 这个 div 中输入内容，HTML 代码如下：

```
<img src="images/person.png"> 客户登录
    <form name="">
    <input type="text" value="请输入用户名" name="user_name"
id="user_name"><br>
    <input type="password" value="请输入密码" name="user_pass"
id="user_pass"><br>
    <input name="" type="checkbox" value="" checked> 记住我    忘记密码?
<br>
    <input type="button" value="登　录" class="load_btn">
    </form>
```

在 id 为 load 这个 div 中输入内容，HTML 代码如下：

```
立即注册 <img src="../images/btn3.png"><br>
使用以下账户直接登录<br><br>
<img src="../images/btn1.png">
<img src="../images/btn2.png">
```

网页浏览效果如图 3.24 所示。

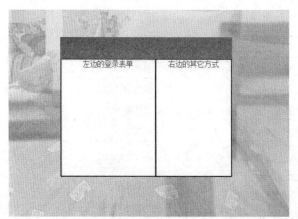

图 3.23 创建用户登录页面布局效果

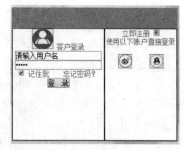

图 3.24 添加用户登录页面内容

④ CSS 美化表单及其他元素，加必要的边框，并取消提示性边框，代码如下：

```
#load img{ vertical-align:middle}
#load form{ margin-top:12px; line-height:28px;}
#load form input{ color:#999;}
#load form #user_name,#load form #user_pass{width:145px;}
#u_load #u_form #load{padding-top:30px; border-right:1px dashed #7a7a7a;}
#load form .load_btn{ background:#855f50; color:#fff; width:60px; height:
16px; border:none;}
#u_load #u_form #reg{ line-height:34px; text-align:center; font-size:14px;
font-weight:bold; margin-top:20px;}
```

网页浏览效果如图 3.25 所示。

图 3.25 创建用户登录页面最终效果

知识拓展

（1）CSS 的溢出属性：overflow

Overflow 属性用以设置当容器不能够容纳内容时的显示方式，可能的属性值如表 3.1 所示。用户在网页布局时，可以根据需要设置滚动条的显示，以节省布局的"空间"的同时，保证内容能被完全看到。

单元 ③ 网页布局

表 3.1　overflow 属性值

值	描述
visible	默认值，内容不会被修剪，会呈现在元素框之外
hidden	内容会被修剪，但是浏览器不会显示供查看内容的滚动条
scroll	内容会被修剪，但是浏览器会显示滚动条以便查看其余的内容
auto	由浏览器决定如何显示。如果需要，则显示滚动条

　　另外，CSS3 还提供了 overflow-x 属性和 overflow-y 属性，作用与 overflow 相似，只是分别控制水平方向和垂直方向的内容显示方式。

　　如图 3.26 所示，设置了 div 的宽度为 200px，高度为 80px，当设置不同的 overflow 属性值时，浏览器中预览的效果。

　　（2）float 属性使用中的父容器高度自适应问题

　　float 属性使用的过程中，除了环绕效果，还会遇到一个问题，就是父容器不能自适应高度的问题。也就是一个父容器里面的所有子容器都设置了 float 属性之后，父容器的高度就不能自适应子容器的高度，此时有两种解决方法：

　　① 设定高度，前面的任务中"id=bj1"就是设置了一个固定高度，保证背景颜色能正常显示。

图 3.26　不同 overflow 属性值的显示效果

　　② 在不方便设置固定高度的情况下，父容器设定如下两个属性，代码如下：

```
{   overflow: auto;    zoom:1;}
```

　　如图 3.27 所示解释了父容器自适应问题，设置了上述的两个属性之后，父容器的高度自适应了子容器的高度。

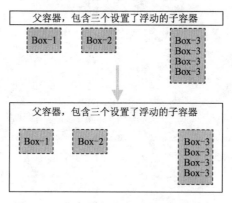

图 3.27　父容器自适应问题的解决方法

　　（3）CSS3 新增的 box-sizing 属性

　　单元 2 讲述的盒子模型，虽然说现在 ie 模型一般不被采用，但有些时候不可避免地还是会存在两种模型之间的差别的问题。为了简化这个问题，CSS3 中增加了 box-sizing 属性，用来设置 width、height 控制哪些区域的宽度和高度。该属性支持的主要属性值如下：

content-box：width、height 控制元素的内容区的宽度和高度。

border-box：width、height 控制元素的内容区+内边距+边框的宽度和高度。

通过如下的代码，实现如图 3.28 所示的效果。

HTML 代码如下：

```
<div id="boxsizing1"> box-sizing: content-
box; </div>
<div id="boxsizing2"> box-sizing: border-
box; </div>
```

CSS 样式的设置如下：

```
div {
  width: 200px;
  height: 100px;
  background-color: #ddd;
  background-clip: content-box;
  border: 20px solid #555;
  padding: 20px;
}
#boxsizing1 {
  box-sizing: content-box;
  -webkit-box-sizing: content-box;
}
#boxsizing2 {
  box-sizing: border-box;
  -webkit-box-sizing: border-box;
}
```

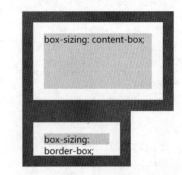

图 3.28　box-sizing 不同属性值的效果图

（4）Box-sizing 在布局中的应用

在布局时，为了调整区域内内容的宽高度问题，有时需要不断调整 padding 的值，因此会影响到网页整体的宽度，从而影响布局。通过 border-box 属性值的设置，可以真正实现网页区域的划分，然后在每一个区域内通过 padding 的调整实现理想的效果，而不会影响到区域之间的位置关系。

如图 3.29 所示，通过浮动的设置，一行内显示的 3 个 div 区域。

HTML 代码如下：

```
<div id="out">
  <div id="boxsizing1">区域1: padding: 10px; </div>
  <div id="boxsizing2">区域2: padding: 10px; </div>
  <div id="boxsizing3">区域3: padding: 10px;  </div>
</div>
```

CSS 代码如下：

```
div {
  width: 260px;
  height: 80px;
  background-color: #ddd;
  background-clip: content-box;
  border: 1px solid #555;
  float: left;
  margin: 2px;
```

```
}
#boxsizing1 {
  padding: 10px;
}
#boxsizing2 {
  padding: 10px;
}
#boxsizing3 {
  padding: 10px;
}
#out {
  overflow: scroll;
  width: 880px;
  height: 120px;
  border: 1px dashed #000;
  background-color: #fff;
}
```

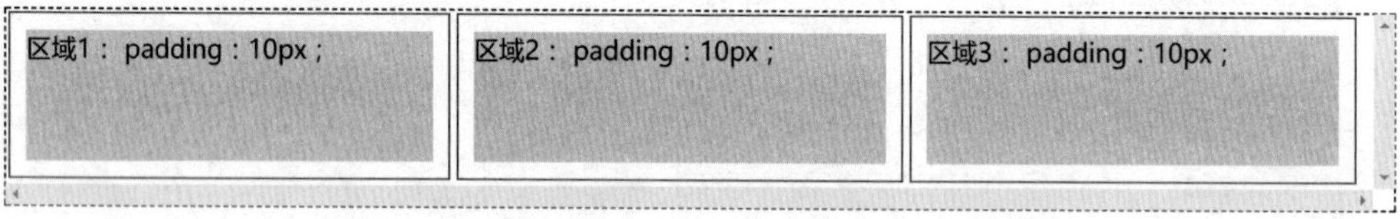

图 3.29　没有设置 box-sizing 属性的布局效果图

此时，调整后面两个子 div 的 padding，CSS 代码如下：

```
#boxsizing2 {
  padding: 2px;
}
#boxsizing3 {
  padding: 15px;
}
```

此时的效果图如图 3.30 所示，默认的盒子模型的特点决定了区域 2 和区域 3 的总尺寸发生了变化，不论从宽度还是高度的底端对齐上都影响了布局的效果。

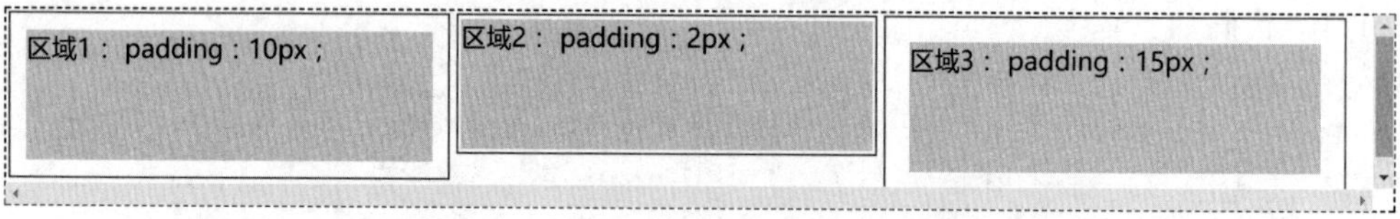

图 3.30　调整 padding 值的布局效果图

使用 CSS 样式增加 box-sizing 属性，效果是怎样的？首先给 div 增加如下设置：

```
box-sizing: border-box;
-webkit-box-sizing: border-box;
```

然后恢复后面两个子 div 的 padding，CSS 代码如下：

```
#boxsizing2 {
  padding: 10px;
}
#boxsizing3 {
```

```
  padding: 10px;
}
```

此时的效果图如图 3.31 所示， 与前面的图 3.29 进行比较，看看有什么不同？

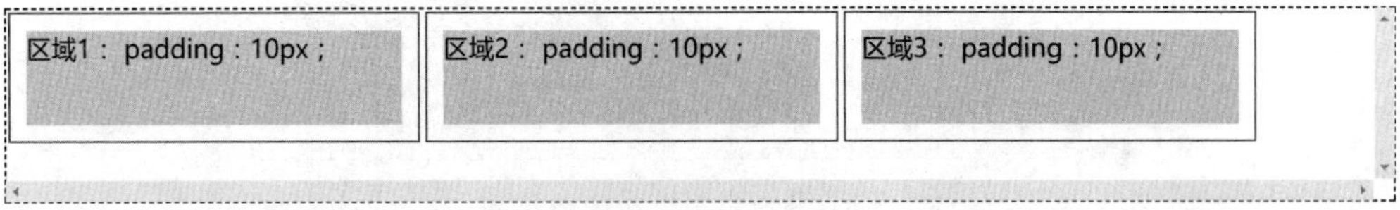

图 3.31　设置 box-sizing 属性的布局效果图

再次调整后面两个子 div 的 padding，CSS 代码如下：

```
#boxsizing2 {
  padding: 2px;
}
#boxsizing3 {
  padding: 15px;
}
```

此时的效果图如图 3.32 所示，布局的几个 div 的位置关系并没有发生变化，保证了整体布局效果，但是内部的内容位置发生了变化。

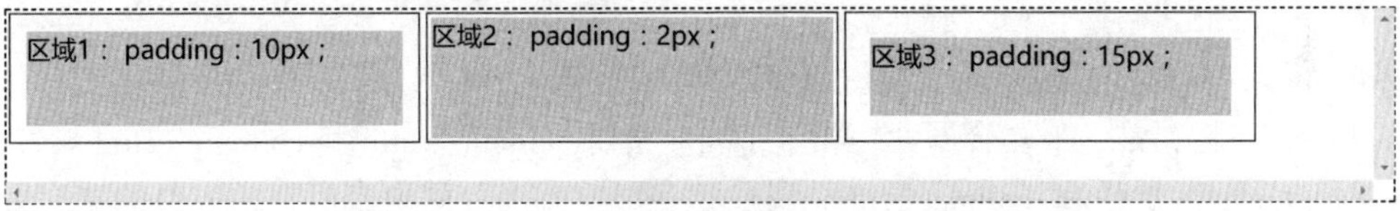

图 3.32　box-sizing 的设置保证整体布局效果不受影响

课后习题

使用 box-sizing 属性修改子任务及其相应的同步训练。

子任务 2　column-count 属性实现文本分列布局

效果展示

如图 3.33 和图 3.34 所示，使用 CSS 中 column-count 属性等实现文本分列布局的前后效果图。

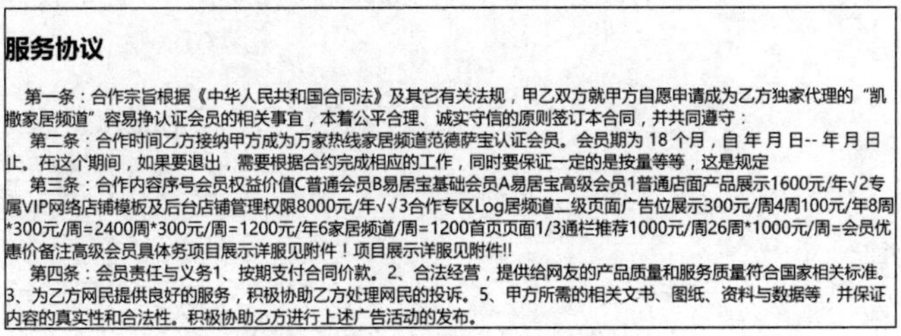

服务协议

第一条：合作宗旨根据《中华人民共和国合同法》及其它有关法规，甲乙双方就甲方自愿申请成为乙方独家代理的“凯撒家居频道”容易挣认证会员的相关事宜，本着公平合理、诚实守信的原则签订本合同，并共同遵守：

第二条：合作时间乙方接纳甲方成为万家热线家居频道范德萨宝认证会员。会员期为 18 个月，自 年 月 日-- 年 月 日止。在这个期间，如果要退出，需要根据合约完成相应的工作，同时要保证一定的是按量等等，这是规定

第三条：合作内容序号会员权益价值C普通会员B易居宝基础会员A易居宝高级会员1普通店面产品展示1600元/年√2专属VIP网络店铺模板及后台店铺管理权限8000元/年√√3合作专区Log居频道二级页面广告位展示300元/周4周100元/年8周*300元/周=2400周*300元/周=1200元/年6家居频道/周=1200首页页面1/3通栏推荐1000元/周26周*1000元/周=会员优惠价备注高级会员具体务项目展示详服见附件！项目展示详服见附件!!

第四条：会员责任与义务1、按期支付合同价款。2、合法经营，提供给网友的产品质量和服务质量符合国家相关标准。3、为乙方网民提供良好的服务，积极协助乙方处理网民的投诉。5、甲方所需的相关文书、图纸、资料与数据等，并保证内容的真实性和合法性。积极协助乙方进行上述广告活动的发布。

图 3.33　分列布局之前的效果图

单元3　网页布局

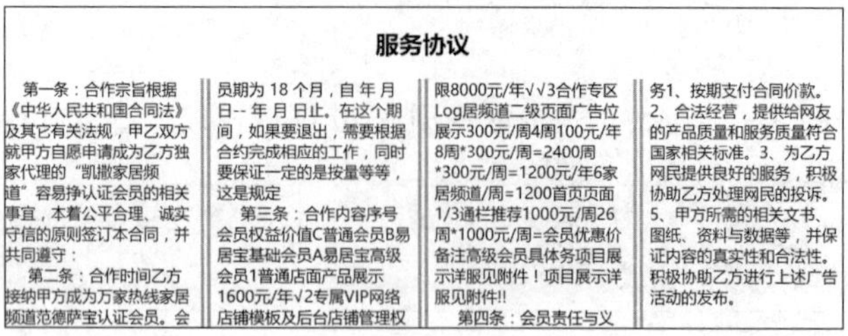

图 3.34　分列布局之后的效果图

任务准备

（1）素材的准备

背景图片素材、网页素材。

（2）CSS 的分列属性

目前主流浏览器需要使用前缀来使用这个属性，如前面介绍的 chrome 需要前缀 -webkit-。

column-count 属性：设置元素被分隔的列数。

column-gap 属性：设置列之间的间隔距离。

column-rule 属性：设置列之间的宽度、样式和颜色规则，是一个复合属性。

column-width 属性：规定列的宽度。

column-span 属性：规定元素应横跨多少列。

columns 属性：是一个复合属性，相当于同时指定 column-width 和 column-count 属性。

column-count 属性和 column-width 属性相互影响。当分列内容所在的容器的宽度大于 column-count x column-width+间距时，不同的浏览器处理的方式不一样，有的会增加列数，有的会增加列的宽度。

任务实现

① 打开网页文件 ch3-page-002-2.html 文件，进入到代码视图。

② 首先设置相应的分列数，在 div#content 的 CSS 代码处添加如下代码：

```
column-count:4;
-webkit-column-count:4;
```

注意：这里以 chrome 浏览器为例。

此时的浏览器预览效果如图 3.35 所示，就像报纸的分栏效果一样，使得大段的文字更具有可读性。

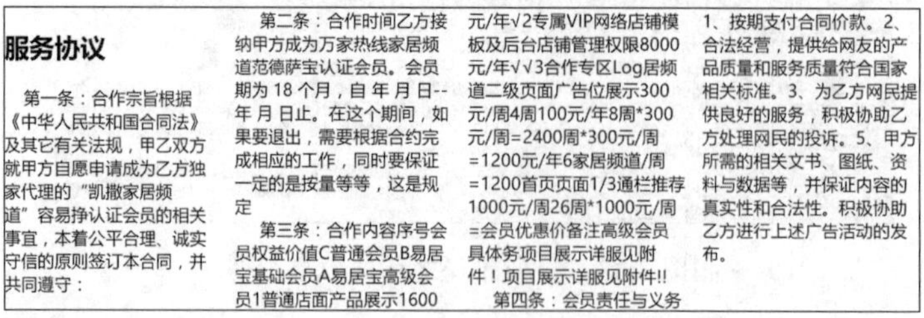

图 3.35　设置分列数的文本显示效果

③ 继续设置分列的相关样式属性，在相应的 CSS 代码处添加如下代码：

```
column-rule: 10px double #aaa;
-webkit-column-rule: 10px double #aaa;
```

此时的效果图如图 3.36 所示。

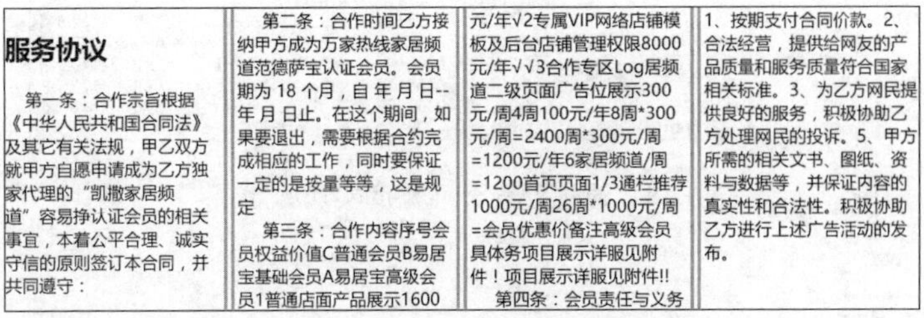

图 3.36　设置了分列样式的效果图

④ 设置分列之间的间距，达到更好的视图预览效果，相应的 CSS 代码如下：

```
/* 设置栏目之间的间距*/
column-gap: 24px;
-webkit-column-gap: 24px;
```

效果图如图 3.37 所示。

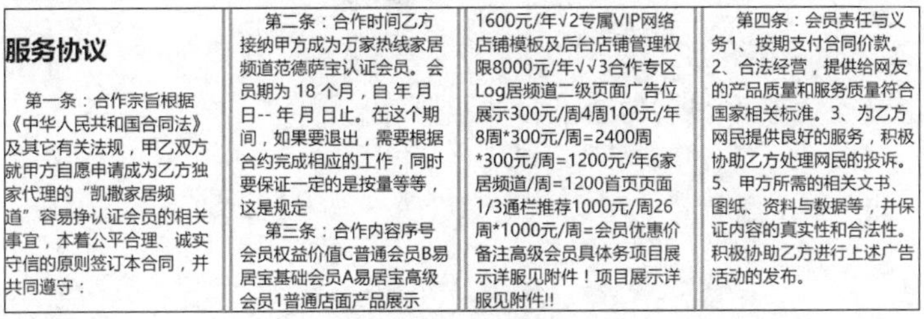

图 3.37　设置了栏目间距的效果图

⑤ 继续，"服务协议"几个字的位置还可以调整得更加合理一些，针对这几个字的 h2 进行如下设置：

```
div#content h2 {
    text-align: center;
}
```

此时浏览网页可见，文字居中，但只是在第一列内居中，如果希望 h2 在四列的顶部居中，添加如下代码：

```
/* 设置跨列效果*/
column-span: all;
-webkit-column-span: all;
```

效果图见图 3.34。

同步训练

任务中没有设置分列的宽度，浏览器根据分列数自动调整列宽。如果不设置分列数，直接设置分列宽度，则效果如图 3.38 所示。

服务协议

第一条：合作宗旨根据《中华人民共和国合同法》及其它有关法律法规，甲乙双方就甲方自愿申请成为乙方独家代理的"凯撒家居频道"容易净认证会员的相关事宜，本着公平合理、诚实守信的原则签订本合同，并共同遵守；第二条：合作时间	乙方接纳甲方成为万家热线家居频道范德萨宝认证会员。会员期为18个月，自年月日-- 年 月日止。在这个期间，如果要退出，需要根据会约完成相应的工作，同时要保证一定的按量等等，这是规定第三条：合作内容序号会员权益价值C	普通会员B易居居基础会员A易居宝高级会员1普通店面产品展示1600元/年√2专属VIP网络店铺模板及后台店铺管理权限8000元/年√√3合作专区Log居频道二级页面广告位展示300元/周4周100元/年8周*300元/周=2400周*300元/周=1200	元/年6家居频道/周=1200首页页面1/3通栏推荐1000元/周26周*1000元/周=会员优惠价备注高级会员具体项目展示详服见附件！项目展示详服见附件!!	产品质量和服务质量符合国家相关标准。3、为乙方网民提供良好的服务，积极协助乙方处理网民的投诉。5、甲方所需的相关文书、图纸、资料与数据等，并保证内容的真实性和合法性。积极协助乙方进行上述广告活动的发布。
			第四条：会员责任与义务1、按期支付合同价款。2、合法经营，提供给网友的	

图 3.38　通过设置分列宽度实现的效果

提示：

CSS 的设置如下列代码所示：

```
/*设置栏目之间的间距*/
column-gap: 20px;
-webkit-column-gap: 20px;
/*设置栏目之间的分隔条*/
column-rule: 10px double #aaa;
-webkit-column-rule: 10px double #aaa;
/*设置栏目的宽度*/
column-width:150px;
-webkit-column-width:150px;
```

column-count 还可以制作很多的效果，如相册等。

知识拓展

CSS 布局框架

column-count 主要实现的分列布局一般应用于文本（如一篇文章），实现文本的分栏显示。CSS3 还提供了弹性布局模式：flexbox。由于 flexbox 布局模式的规范不断变动，不同的浏览器支持的程度也不一样。

float、inline-block、@media、flexbox 等 CSS 布局方式，导致 CSS 的布局很难使用，因此有很多 CSS 框架，能够帮助开发者快速进行网页布局，常见的框架如 bootstrap、bluetrip、blueprint 等。如果某种框架能满足布局要求，则使用框架是一个明智的选择。

课后习题

① 根据原型图实现自定主题网站首页（多列布局）。

② 查阅相关资料，学习 CSS 框架的使用。

任务 3　基于网页模板创建网页

根据网页布局的设计原则，网站中很多网页的布局是类似的，在这种情况下，往往可以将这些网页中相同的部分保存成模板，既提高了创建网页的效率，也加快网页的加载速度，同时可以避免出现一些错误。本任务中主要介绍基于 Dreamweaver 站点创建模板、保存模板以及基于模板创建网页。另外，还简单的介绍库项目的概念和使用方法。

【学习目标】

- 了解网页制作效率的概念。
- 理解网页模板的概念。
- 理解网页库项目的概念。
- 掌握创建网页模板的方法。
- 运用站点网页模板创建网页。
- 在网页中运用网页库项目。

【学习重点与难点】

- 重点：网页制作效率的概念、网页模板的创建以及使用。
- 难点：创建网页模板。

效果展示

如图 3.39 所示，创建网页模板，然后基于这个模板创建网页，提高网页的创建效率。

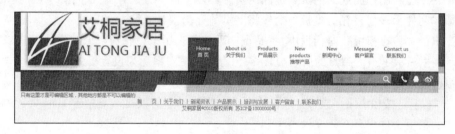

图 3.39　网页模板的创建

任务准备

1. 素材的准备

ch3-page-002.html 网页文件。

2. Dreamweaver 模块

Dreamweaver 模板是一种特殊类型的文档，用于设计固定的页面布局；然后便可以基于模板创建文档，创建的文档会继承模板的页面布局。设计模板时，可以指定在基于模板的文档中哪些内容是用户"可编辑的"。使用模板，模板创作者控制哪些页面元素可以由模板用户（如作家、图形艺术家或其他 Web 开发人员）进行编辑。模板创作者可以在文档中包括数种类型的模板区域。使用模板可以一次更新多个页面。从模板创建的文档与该模板保持连接状态（除非以后分离该文档），可以修改模板并立即更新基于该模板的所有文档中的设计。

3. 模板的创建

（1）直接创建模板

在 Dreamweaver 选择"窗口"→"资源"命令，打开"资源"面板，切换到"模板"子面板，单击"模板"面板上的"扩展"按钮，在弹出菜单中选择"新建模板"，在浏览窗口出现一个未命名的模板文件，给模板命名。然后单击"编辑"按钮，打开模板进行编辑。编辑完成后，保存模板，完成模板建立。模板文件的扩展名为.dwt，如图 3.40 所示。

图 3.40　资源模板中直接创建模板

（2）将普通网页另存为模板

打开一个已经制作完成的网页，删除网页中不需要的部分，保留几个网页共同需要的区域。选择"文件"→"另存为模板"命令将网页另存为模板。

在弹出的"另存模板"对话框中，"站点"下拉列表用来设置模板保存的站点。"现存的模板"列表框显示了当前站点的所有模板。"另存为"文本框用来设置模板的命名。单击"保存"按钮，就把当前网页转换为了模板，同时将模板另存到选择的站点。

单击"保存"按钮，保存模板。系统将自动在当前站点的根目录下创建 Template 文件夹，并将创建的模板文件保存在该文件夹中。

在保存模板时，如果模板中没有定义任何可编辑区域，系统将显示警告信息。可以先单击"确定"按钮，以后再定义可编辑区域，如图 3.41 所示，基于当前页面内容创建模板。

图 3.41　基于当前网页文件创建模板

（3）从"文件"菜单新建模板

选择"文件"→"新建"命令，弹出"新建文档"对话框，然后在类别中选择"模板页"，并选取相关的模板类型，直接单击"创建"按钮即可。

4. 库项目的创建和使用

库是一种用来存储想要在整个网站上经常重复使用或更新的页面元素(如图像、文本和其他对象)的方法。这些元素称为库项目。很多网页设计师讨厌频繁的改动网站，使用 Dreamweaver 的库，可以很好的解决这个问题。如果使用了库，就可以通过改动库更新所有采用库的网页，不用逐个修改网页元素或者重新制作网页。使用库比使用模板有更大的灵活性。

（1）基于选定内容创建库项目

① 在 "文档"窗口中，选择文档的一部分并另存为库项目。

② 执行下列操作之一：

a. 将选定内容拖到 "资源"面板的 "库"类别中。

b. 在"资源"面板中，单击"库"类别底部的 "新建库项目"按钮。

c. 选择"修改"→"库"→"增加对象到库"命令。

③ 为新的库项目输入一个名称，然后按 Enter 键或 Return 键。

Dreamweaver 在站点本地根文件夹的 Library 文件夹中，将每个库项目都保存为一个单独的文件（文件扩展名为.lbi）。

（2）空白库项目的创建

① 确保没有在"文档"窗口中选择任何内容。如果选择了内容，则该内容将被放入新的库项目中。

② 在"资源"面板中，选择面板左侧的"库"类别。

③ 单击"资源"面板底部的"新建库项目"按钮。一个新的、无标题的库项目将被添加到面板中的列表。

④ 在项目仍然处于选定状态时，为该项目输入一个名称，然后按 Enter 键。

5. HTML5 新标记

在之前的 HTML 页面中，基本上都是用了 div+CSS 的布局方式。而搜索引擎去抓取页面的内容时，它只能猜测你的某个 div 是文章内容容器，或者是导航模块的容器，或者是作者介绍的容器等。也就是说整个 HTML 文档结构定义不清晰，HTML5 中为了解决这个问题，专门添加了页眉、页脚、导航、文章内容等跟结构相关的结构元素标签。

在讲新标签之前，先看一个普通的页面的布局方式。

图 3.42 是一个普通的页面，会有头部、导航、文章内容，还有附着的右边栏，还有底部等模块，而我们是通过 id 进行区分，并通过不同的 CSS 样式来处理。但相对来说，class 不是通用的标准的规范，搜索引擎只能去猜测某部分的功能。而 HTML5 新标签带来的新的布局则如图 3.43 所示。

图 3.42 普通页面的布局方式

图 3.43　用 HTML5 新标签实现的新的布局

有了直接的感官认识后，下面一一介绍 HTML5 中的相关结构标签。

（1）section 标签

<section>标签定义文档中的节。如章节、页眉、页脚或文档中的其他部分。一般用于成节的内容，会在文档流中开始一个新的节。它用来表现普通的文档内容或应用区块，通常由内容及其标题组成。但 section 元素标签并非一个普通的容器元素，它表示一段专题性的内容，一般会带有标题。

当描述一件具体的事物时，通常鼓励使用 article 来代替 section；当使用 section 时，仍然可以使用 h1 来作为标题，而不用担心它所处的位置，以及其他地方是否用到；当一个容器需要被直接定义样式或通过脚本定义行为时，推荐使用 div 元素而非 section。

（2）article 标签

<article>是一个特殊的 section 标签，它比 section 具有更明确的语义，它代表一个独立的、完整的相关内容块，可独立于页面其他内容使用。例如，一篇完整的论坛帖子、一篇博客文章、一个用户评论等。一般来说，article 会有标题部分（通常包含在 header 内），有时也会包含 footer。article 可以嵌套，内层的 article 对外层的 article 标签有隶属关系。例如，一篇博客的文章，可以用 article 显示，然后一些评论可以 article 的形式嵌入其中。

（3）nav 标签

<nav>标签代表页面的一个部分，是一个可以作为页面导航的链接组，其中的导航元素链接到其他页面或者当前页面的其他部分，使 html 代码在语义化方面更加精确，同时对于屏幕阅读器等设备的支持也更好。

（4）aside 标签

<aside>标签用来装载非正文的内容，被视为页面里面一个单独的部分。它包含的内容与页面的主要内容是分开的，可以被删除，而不会影响到网页的内容、章节或是页面所要传达的信息。例如广告、成组的链接、侧边栏等。

（5）header 标签

<header>标签定义文档的页眉，通常是一些引导和导航信息。它不局限于写在网页头部，也可以写在网页内容里面。

通常<header>标签至少包含（但不局限于）一个标题标记（<h1>~<h6>），还可以包括<hgroup>标签，还可以包括表格内容、标识、搜索表单、<nav>导航等。

（6）footer 标签

<footer>标签定义 section 或 document 的页脚，包含了与页面、文章或是部分内容有关的信息，比如说文章的作者或者日期。作为页面的页脚时，一般包含了版权、相关文件和链接。它和<header>标签使用基本一样，可以在一个页面中多次使用，如果在一个区段的后面加入

footer，那么它就相当于该区段的页脚。

（7）hgroup 标签

<hgroup>标签是对网页或区段 section 的标题元素（h1~h6）进行组合。例如，在一区段中有连续的 h 系列的标签元素，则可以用 hgroup 将它们括起来。

（8）figure 标签

figure 标签用于对元素进行组合。多用于图片与图片描述组合。

任务实现

① 在 Dreamweaver 中建立站点，站点名称为 temp-create，本地站点文件夹为 D:\webpage\。将任务 3 创建的网页文件及相关的资源文件都复制到站点中，站点的根目录如图 3.44 所示。

② 打开 ch3-page-002.html 网页文件，另存为模板文件，保存之后，"文件"浮动面板中自动增加一个 Templates 文件夹，存放模板相关的文件，如图 3.45 所示

图 3.44　站点的基本信息

图 3.45　创建模板之后的站点

③ 基于这个站点的模板创建一个新页面，如图 3.46 所示。单击"创建"按钮之后，可见创建的这个网页，除了可以修改 title 属性，其他都是灰色的，不可以编辑。实际上是因为前面的模板没有创建任何可编辑的区域，默认都不可以编辑。保存为 ch3-page-004.html 文件，预览效果和模板没有区别，因为模板没有可编辑区域。

图 3.46　基于模板创建新网页

④ 实际上，这个网站的导航部分和页脚部分是可以作为模板的，其他地方都可以根据需要任意编辑，所以打开模板文件，删除 bj4、bj5 和 bj6 部分，并且在这个位置插入一个可编辑区域，此时的 HTML 代码如图 3.47 所示。浏览此时的模板文件，效果图如图 3.48 所示。

```
<div id="container">
  <div id="bj1"> <div i...</div>
  <div id="bj2"><img src="../images/ylbj_02.jpg"/></div>
  <div id="bj3"><img src="../images/ylbj_03.png"/></div>

<!--  <div id="bj4"><img src="../images/ylbj_04.jpg" /></div>
  <div id="bj5"><img src="../images/ylbj_05.jpg"/></div>
  <div id="bj6"> <div i...</div>-->
<!-- TemplateBeginEditable name="EditRegion3" -->这里是可编辑区域<!-- TemplateEndEditable -->


  <div id="bj7" class="clearfix"></div>
</div>
```

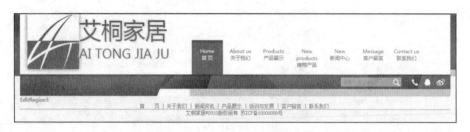

图 3.47　添加可编辑区域的代码

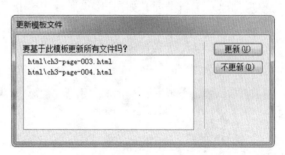

图 3.48　具有可编辑区域的模板的浏览效果

⑤ 保存模板文件，此时 Dreamweaver 会自动弹出“更新模板文件”对话框，如图 3.49 所示。

图 3.49　“更新模板文件”对话框

⑥ 回到 ch3-page-004.html 网页文件，代码视图中，在可编辑区域中添加内容，实现所需要的效果，先搭建框架，HTML 代码如下：

```
<nav>您当前的位置：产品展示/被子、欧冠系列棉麻抱枕被</nav>
<aside> ch2-page-028-finish.html，去除上下导航部分</aside>
<section>ch2-page-013.html，去除上下导航部分</section>
```

⑦ 从前面创建的网页部分复制相应的 HTML、CSS、图像等素材文件，此时的网页效果图如图 3.50 所示。

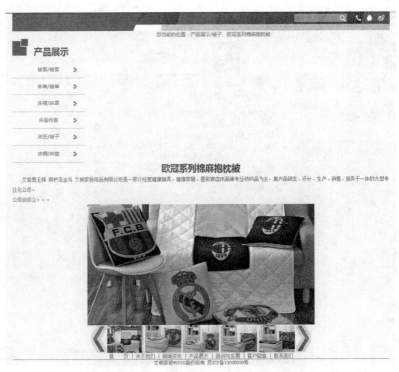

图 3.50　基于模板创建的网页文件的效果

⑧ 设置框架 HTML 部分的 CSS 样式的设置，实现左右排列两列布局的效果，代码如下：

```
nav {
    width: 100%;
    margin-left: 26%;
}
aside {
    float: left;
    width: 25%;
}
section {
    float: right;
    width: 74%;
}
```

通过百分比的方式，设定左右区域的宽度，也是比较常见的一种方式。

⑨ 适当调整相应的样式，实现最终的效果。完整代码可参见 ch3-page-004-finish.html 网页文件。这里主要讲解模板的创建和使用，不具体讲解所有样式的创建和修改。

⑩ 由于页脚的效果不是很理想，所以此时可以回到模板编辑页脚的效果，然后保存网页模板时，会通过自动更新的方式，当前页面的页脚效果也是最新的样式。

同步训练

使用模板创建留言板页面，效果如图 3.51 所示。

图 3.51　基于模板创建的客户留言页面

提示：

① 打开 ch3-page-004-finish.html，另存为 ch3-page-005.html，此时从设计视图中可见，新保存的网页文件也是基于模板的。

② 添加的内容要做适当的样式调整，客户留言部分参考任务中的产品展示部分，右侧的留言板部分参见单元 2 的 ch2-page-031-finish.html 及其 ch2-css-031-finish.css 文件。完整代码参见 ch3-page-005-finish.html 文件。

③ 基于模板创建文件，如果更改了模板中的样式表文件，可能会涉及很多页面，请修改前一定要慎重。由于是前面多个文件拼凑而成的，所以当前的文件还是有很多地方可以进一步优化。

知识拓展

网页库项目

参照模板的创建和使用方法，将网页的图像 logo 建成为当前站点的库项目，然后在创建网页中使用这个库项目。

① 打开当前模板文件，选中图像 logo 部分的代码。选择"资源"面板，单击左侧的小按钮，进入到库项目面板。再单击面板右下角的"新建"按钮，弹出如图 3.52 所示的对话框。

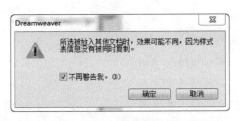

图 3.52　基于选择内容创建库项目

② 单击"确定"按钮，则生成了一个库项目，如图 3.53 所示。HTML 中的源代码被库项目的代码替换，库面板中也显示出了刚创建的库项目的名称、路径等信息。

图 3.53　创建好的库项目

③ 生成的库项目文件是 img.lbi，打开这个文件后，可见代码如下：

```
<meta http-equiv="Content-Type" content="text/html; charset=utf-8"><img
class="imgshadow" src="../images/image-logo.jpg" alt="网站图像 logo" />
```

④ 创建文件 ch3-page-006.html，光标置于 body 标记内，打开"资源"面板，选择一个库项目，然后单击"插入"按钮，就会在当前插入如下代码：

```
<!-- #BeginLibraryItem "/Library/img.lbi" --><img class="imgshadow"
src="images/image-logo.jpg" alt="网站图像 logo" /><!-- #EndLibraryItem -->
```

这段代码就代表了库项目，预览网页效果如图 3.54 所示。

从效果图可见，由于库项目并没有附带图像 logo 的样式信息，所以显示效果不一样。读者可以尝试基于模板新创建一个网页，再插入库项目，看看有什么效果。另外库项目中的图像文件路径问题也是需要考虑的。完整代码参见 ch3-page-006-finish.html 文件。

图 3.54　网页中插入库项目

课后习题

① 从网上下载一个模板，使用这个模板创建一个网页。

② 基于任务中创建的模板，再次创建"嵌套模板"，如创建产品显示页面的模板，然后基于这个新的模板创建更多的产品显示页面。

任务 4　定位网页元素

CSS 的 position 属性可以实现网页元素的任意定位，也可根据布局的需要，完成多列布局，只是在布局时会存在一定的局限性。本任务主要介绍网站首页中网页元素的"任意摆放"，即网页元素的定位，以及产品页面的定位布局的实现，起到与 float 属性同样的作用。

【学习目标】

● 理解网页元素定位的概念。

● 理解 CSS 的 position 属性的含义及其作用。

● 掌握 CSS 的 position 属性在布局中的应用方法。

● 运用 position 属性实现网页元素的定位。

● 运用 position 属性实现网页的多列布局。

【学习重点与难点】

● 重点：position 属性。

● 难点：position 不同属性值的异同点。

子任务 1　设计实现网页元素的定位

效果展示

如图 3.55 所示，使用 CSS 的 position 属性实现网页元素的"任意"摆放，增强网页元素的美化效果。

图 3.55　网页元素定位效果图

任务准备

素材的准备：ch3-page-002-finish.html 网页文件。

CSS 中的 position 属性。定位属性，可以根据布局要求，将网页元素定位在"任何"位置，而且还可以得到多个对象叠加的效果，具体格式如下：

```
position: absolute|relative|fixed|static
```

注意：设置这个属性的同时，需要结合具体的位置设置，如水平方向：left 或者 right；垂直方向：top 或者 bottom。

position 属性具有 4 种不同的属性值，具体含义如下：

（1）static，静态

元素框正常生成。块级元素生成一个矩形框，作为文档流的一部分，行内元素则会创建一个或多个行框，置于其父元素中。

（2）relative，相对定位

元素框偏移某个距离。元素仍保持其未定位前的形状，它原本所占的空间仍保留。如图 3.56 所示，Box2 设置了相对定位，但仍保留原来的位置空间。

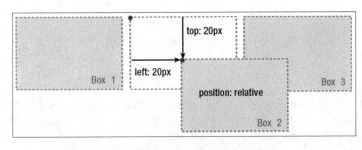

图 3.56　相对定位属性示意图

（3）absolute，绝对定位

元素框从文档流完全删除，并相对于其包含块定位。包含块可能是文档中的另一个元素或者是视窗本身。元素原先在正常文档流中所占的空间会关闭，就好像元素原来不存在一样。元素定位后生成一个块级框，而不论原来它在正常流中生成何种类型的框。不过，需要注意的是，在设置绝对定位时，其包含块的定位属性需要设置为 relative，但不需要配合设置位置（如 left、bottom 等）属性。如图 3.57 所示，Box2 设定了绝对定位，已脱离了原来的文档流。

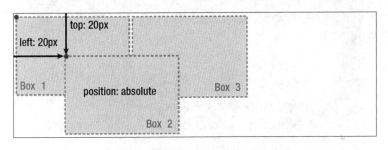

图 3.57　绝对定位属性示意图

（4）fixed，固定

元素框的表现类似于将 position 设置为 absolute，不过其包含块是视窗本身。

任务实现

① 任务 2 中，#bj2、#bj3 和#bj4 部分仍使用图片代替布局，通过 position 属性可以实现相应的效果，以保证搜索、注册等按钮的正常功能。根据效果图，创建的 HTML 的代码如下：

```
<div id="pos1"><img class="dis-hask" src="image/positon1.jpg" />
  <div id="pos11">
    <div id="pos1-right"> <img src="image/positon2.png"/><img src="image/
positon3.png"/>
    <img src="image/positon4.png"/></div>
    <form>
      <input type="text" placeholder="搜索一下..."/>
    </form>
```

```
      </div>
    </div>
<div id="pos2"><img src="image/position5.png"/>
  <div id="pos3-left">
    <form>
      <input type="button" value="注册"/>
      <input type="button" value="登录">
    </form>
  </div>
  <div id="pos3-bottom">
    <p class="ys1">价格<span class="ys2">实惠</span>，质量上乘</p>
    <p class="ys1">AFFORDABLE,QUALITY </p>
  </div>
</div>
```

此时的效果图如图 3.58 所示。

图 3.58　搜索、注册等按钮的效果图

② 进行 CSS 样式的设置，实现网页元素的位置关系。CSS 样式代码如下：

```
#pos1,#pos2 {
  position: relative;/*包含容器设为相对定位*/
  width: 1042px;
  margin: 0 auto;
}
#pos1 #pos11 {/*以自己的包含容器为基准定位自己的位置*/
  position: absolute;
  right: 0px;
  top: 0px;
}
#pos11 form, #pos1-right {/*定位容器内部的块标记的浮动设置*/
  float: right;
}
#pos3-left {/*以自己的包含容器为基准定位自己的位置*/
  position: absolute;
  left: 20px;
```

```
   top: 30px;
}
#pos2 #pos3-bottom {/*以自己的包含容器为基准定位自己的位置*/
   position: absolute;
   left: 150px;
   top: 180px;
}
```

此时的效果图如图 3.59 所示。

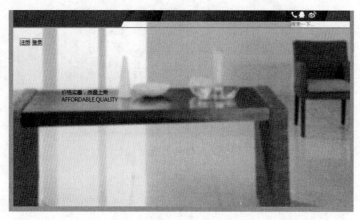

图 3.59 position 属性的运用效果

③ 美化已经定位的各个网页元素，效果如图 3.60 所示，主要的样式代码如下：

```
#pos1 #pos11 form input {/*搜索框的设置*/
   opacity: 0.4;
   background-color: #CCC;
   color: #000;
   border: none;
   padding: 4px;
   background-image: url(image/position6.png);
   background-repeat: no-repeat;
   background-position: right center;
}
#pos3-left form input {/*注册、登录按钮的美化*/
   border: #999 1px solid;
   border-radius: 4px;
   padding: 4px 8px; }
```

图 3.60 美化各个元素后的效果

可见通过定位的方式可以根据需要"任意"摆放网页元素的位置，最终的效果详见 ch3-page-002-pos-finish.html。

同步训练

效果图如图 3.61 所示，在页面的页首处，通过定位的方式显示两个超链接。如图 3.62 所示，是当鼠标经过超链接时设置的样式。

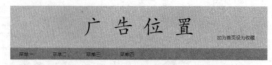

图 3.61　定位方式存在的超链接

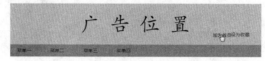

图 3.62　定位方式实现的超链接鼠标经过效果

提示：

html 代码如下：

```html
<div id="banner">
  <p id="bannerin">广  告  位  置</p>
  <div><a href="#">加为首页</a>  <a href="#">设为收藏</a></div>
</div>
```

相应的 CSS 样式代码如下：

```css
#banner {
    height: 120px;
    position: relative;
}
#bannerin {
    font-size: 60px;
    text-align: center;
    line-height:120px;
}
#banner div {
    position: absolute;
    top: 80px;
    right: 30px;
}
#banner div a {
    color: #333;
    text-decoration: none;
    display: block;
    float: left;
}
#banner div a:hover {
    position: relative;
    left: 2px;
    top: 2px;
}
```

```
        font-weight: bold;
        color: #F00;
}
```
完整代码可参见 ch3-page-008.html 网页文件。

知识拓展

HTML5 中，div 中图片的空白区域问题：前面的任务中，细心的读者可能已经发现，两个包含容器之间是有一条缝隙的。在布局时，当有这样的 HTML 标记：<div><img src="picture.png"/></div> 时，往往会在图像下面出现一段空白，此时可通过以下几种方法解决这个问题：

① 设置 css 样式为 img{ display:block }。

② 设置 img 的 vertical-align 的属性值为 vertical-align:middle。

课后习题

巩固课上所学内容。

子任务 2 定位技术实现网页布局

效果展示

如图 3.63 所示，使用 CSS 的 position 属性实现网页的布局，达到和 float 属性一样的效果。

图 3.63 添加页眉和页脚部分的网页布局效果图

任务实现

① 打开素材文件 ch3-page-009.html，通过定位的方式实现布局，在相应的块内，补充相应的 CSS 代码：

```
nav {
    width: 78%;
    margin-left: 22%;
}
aside {
    position: absolute;
    left: 0px;
    top: 0px;
```

```
}
section {
    position: absolute;
    right: 0px;
    top: 31px;/*超过 nav 的高度*/
}
```

此时的效果图如图 3.64 所示，通过定位的方式实现了左右的布局。

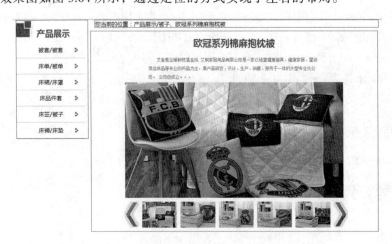

图 3.64　通过定位实现的布局

② 增加当前页面的首部和页脚部分，HTML 代码如下：

```
<div id="container">
    <header>这里是页面的头部</header>
    ...
    <footer>这里是页面的页脚</footer>
</div>
```

③ 适当的美化 header 和 footer，CSS 代码如下：

```
header {
    height: 50px;
    border: 1px solid #f00;
    position: absolute;
    left: 0px;
    top: 0px;
}
footer {
    height: 50px;
    border: 1px solid #f00;
    position: absolute;
    left: 0px;
    top: 600px;
}
nav {
    position: absolute;
    left: 0px;
    top: 60px;/*根据 header 的高度做的调整*/
}
```

```
aside {
    position: absolute;
    left: 0px;
    top: 60px;/*根据 header 的高度做的调整*/
}
section {
    position: absolute;
    right: 0px;
    top: 91px; /*根据 header 的高度做的调整*/
}
```

此时的效果如图 3.63 所示。完整的代码可以参考 ch3-page-009-finish.html 文件。

根据内容和样式的需求，可以适当的调整 header 和 footer 部分的样式，这里就不详细讲解了。

通过 position 属性实现了网页元素的布局，但也能看出这种方式的布局是有缺陷性的，从效果图中可见，如果 footer 部分设置居中效果或者更多的内容，就会跟 section 部分产生叠加的效果，这就要求 footer 的 top 属性值需要明确，也就是要知道网页的主要内容的高度，而在实际的网页中主题内容部分的高度是不能明确的，所以使用 position 的属性进行网页布局时，这一点是特别需要考虑的。

知识拓展

关于定位的 z-index 属性

从前面的问题中提到过，因为 position 属性的特点，多个具有 position 属性的网页元素可以产生一些叠加的效果，此时，通过 z-index 属性可以设置叠加的元素的显示优先级，属性值越大，越是在最上面显示出来。比如有如下的 HTML 代码：

```
<p class="zindex-1"><img src="../images/images/s4.png"> </p>
<p class="zindex-2"><img src="../images/images/S5.png"></p>
```

对应的 CSS 样式设置如下：

```
.zindex-1 {
    position: fixed;
    left: 20px;
    top: 20px;
    border: #00f 1px dashed;
    z-index: 10;
}
.zindex-2 {
    position:fixed;
    left: 20px;
    top: 20px;
    border: #f00 1px solid;
    z-index: 20;
}
```

此时的效果图如图 3.65 所示。如果将两个<p>的 z-index 属性值互换，此时的效果图如图 3.66 所示。完整的代码可以参考 ch3-page-010.html 文件。

图 3.65　z-index 属性的作用示意图 1

图 3.66　z-index 属性的作用示意图 2

课后习题

根据原型图实现自定主题网站二级页面（多列布局）。

任务 5　基于 Spry 构件实现 tab 布局

多种多样的网页布局形式，在于吸引更多的客户端用户，给用户更好的视觉体验，同时也为了更充分地利用空间，达到有限的"区域"显示更多的"网页信息"。本任务主要介绍使用 Spry 构件完成页面的 tab 布局，通过 tab 文字的导航实现具体内容的显示，可以节省空间，也包含一定的动态效果。

【学习目标】

- 理解 dw 插件的概念。
- 理解网页控件的利用率问题。
- 掌握 Spry 构建的含义及其使用方法。
- 运用 spry 构建创建多级导航。
- 运用 spry 构建创建选项卡式面板。

【学习重点与难点】

- 重点：Spry 的使用方法。
- 难点：Spry 构建的灵活运用。

效果展示

如图 3.67 所示，使用 Spry 构件的功能实现网页的 tab 布局，提高网页空间的利用率。

图 3.67　tab 布局效果图

任务准备

素材的准备：product.jpg 和 news2.jpg 图片文件。

任务实现

① 新建网页 ch3-page-011.html，使用 Spry 插件插入选项卡式面板，如图 3.68 所示。

图 3.68 插入 Spry 插件的选项卡式面板

② 使用 Spry 后，保存网页会提示保存 Spry 效果文件，如图 3.69 所示。

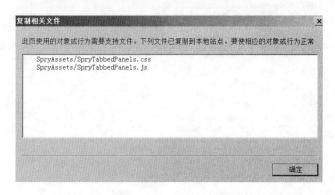

图 3.69 使用 Spry 插件提示保存效果文件

修改代码视图中的标签和内容列表，如图 3.70 所示。此时浏览器预览效果如图 3.71 所示。

```
<div id="TabbedPanels1" class="TabbedPanels">
  <ul class="TabbedPanelsTabGroup">
    <li class="TabbedPanelsTab" tabindex="0"><img src="../images/product.jpg"></li>
    <li class="TabbedPanelsTab" tabindex="0"><img src="../images/news2.jpg"></li>
    <li class="TabbedPanelsTab" tabindex="0"><div class="cen_more">+MORE</div></li>
  </ul>
  <div class="TabbedPanelsContentGroup">
    <div class="TabbedPanelsContent">内容 1</div>
    <div class="TabbedPanelsContent">内容 2</div>
    <div class="TabbedPanelsContent">内容 3</div>
  </div>
</div>
```

图 3.70 Spry 插件的选项卡式面板的代码视图（部分）

③ 修改 SpryAssets/SpryTabbedPanels.css 样式文件，对标签列表进行美化，代码如下：

```
.TabbedPanelsTab {
    position: relative;
    top: 1px;
    float: left;
    padding: 4px 10px;
    margin: 0px 1px 0px 0px;
    font: bold 0.7em sans-serif;
    list-style: none;
    -moz-user-select: none;
    -khtml-user-select: none;
    cursor: pointer;
```

```
}
```

删除 TabbedPanelsContentGroup 中的

```
border-left: solid 1px #CCC;
border-bottom: solid 1px #CCC;
border-top: solid 1px #999;
border-right: solid 1px #999;
background-color: #EEE;
```

删除 .TabbedPanelsTabSeleted 中的

```
background-color: #EEE;
```

此时浏览器中的预览效果如图 3.72 所示。完整代码可参考 ch3-page-011.html 网页文件。

图 3.71　Spry 插件的选项卡式面板的预览效果　图 3.72　Spry 插件的选项卡式面板美化后的预览效果

④ 打开 ch3-page-011.html 网页文件，修改"内容 2"中的内容，代码如图 3.73 所示。

```
<div class="TabbedPanelsContent">
<ul class="news">
    <li>艾桐家居纯棉被套　全棉AB版被罩单件<span>2016-12-29</span></li>
    <li>艾桐家居纯棉被套　全棉AB版被罩单件<span>2016-12-29</span></li>
    <li>艾桐家居纯棉被套　全棉AB版被罩单件<span>2016-12-29</span></li>
    <li>艾桐家居纯棉被套　全棉AB版被罩单件<span>2016-12-29</span></li>
</ul>
</div>
```

图 3.73　"内容 2"的内容

此时网页浏览效果如图 3.74 所示。

图 3.74　修改"内容 2"后的网页效果图

⑤ 设置 news 中列表的样式，对"内容 2"部分进行美化，代码如下：

```
.news li{
    list-style: url(../images/icon.gif) inside;
    line-height:35px;
    border-bottom:dashed 1px #ccc;
    width:330px;
}
.news li span{
    margin-left:40px;
}
```

此时网页浏览效果如图 3.75 所示。完整代码可参考 ch3-page-012.html 网页文件。

图 3.75 "内容 2"美化后的网页效果图

⑥ 最后是产品展示下面的内容部分，可根据网站的需求进行 HTML 标记的添加以及 CSS 样式的美化，在此不赘述。

从上述的实现过程来看，使用 Spry 构件是比较方便的，同时 tab 选项卡式面板也是提高网页空间显示效率的一种有效的方法。

📝 知识拓展

Spry 选型卡面板从布局的角度是可以节省空间，同时其选项卡也是一种导航，通过改变默认 Spry 选项卡式面板样式，可以实现各种各样的页面效果。如图 3.76~图 3.78 所示，是编者的学生在完成网页设计课程时完成的作品。这里仅提供参考，读者可以在完成作品的过程中灵活运用 Spry 选项卡面板。

图 3.76 Spry 选项卡面板灵活运用：缩览图导航

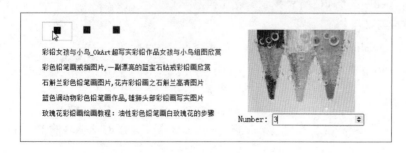

图 3.77 Spry 选项卡面板灵活运用：颜色块导航

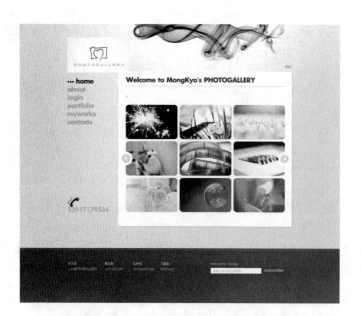

图 3.78　Spry 选项卡面板灵活运用：文字导航

课后习题

使用 Spry 插件实现层叠面板的效果。

任务 6　移动端页面的制作

前面的任务中制作的网站首页文件都是针对 PC 端的。对于多终端的网页显示，能通过相应的属性进行 CSS 样式的设置，以实现不同终端自适应显示，是一种不错的选择。本任务适当地调整 PC 端的首页文件结构，配合不同终端的 CSS 样式设置，以更合理的方式显示在PC 端和移动端。

【学习目标】

- 理解自适应页面布局的实现原理。
- 掌握 box-sizing 的使用方法。
- 理解 viewport 的工作原理。
- 运用@media 实现 PC 端和移动端的查询。

【学习重点与难点】

- 重点：@media 的应用。
- 难点：viewport 的使用。

效果展示

如图 3.79 和图 3.80 所示，通过@media、viewport 等实现了网站首页的 PC 端和移动端的自适应显示。

图 3.79 网站首页的 PC 端浏览效果　　　图 3.80 网站首页的移动端浏览效果

任务准备

（1）素材的准备

前面任务完成的首页的各部分文件及相关的图像素材，ch2-page-022 -finish.html、ch3-page-002 -pos-finish.html、ch3-page-002- finish.html 网页文件。

（2）Google Chrome 模拟器的使用

Google Chrome 是由 Google 开发的一款设计简单、运行高效、支持扩展的浏览器，它基于高速 WebKit/Blink 内核和高性能 JavaScript V8 引擎，在支持多标签浏览的基础上，提供顺畅的浏览体验，并且每个标签都在独立的沙箱内运行，安全性大大提高。谷歌的浏览器功能比较强大，可以模拟众多的设备，以查看页面在不同终端的浏览效果。

安装 Google 浏览器（以版本 59.0.3071.115（正式版本）为例）之后，打开一个页面，按住 F12 键，或者在页面空白处右击，在弹出的快捷菜单中选择"检查"命令，进入浏览器开发后台，如图 3.81 所示。

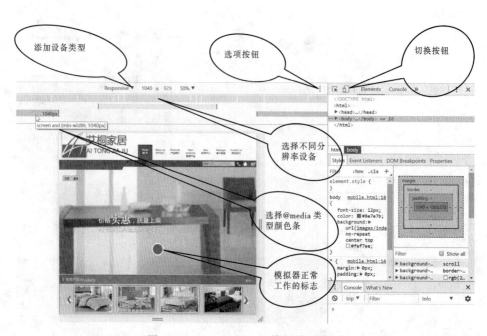

图 3.81　Google Chrome 模拟器示意图

根据需要选择不同的分辨率界面，浏览不同终端的效果，单击图 3.81 中的"选项"按钮，弹出的菜单如图 3.82 所示，实现在设备类型、媒体查询、添加设备类型等功能上进行切换，另外还可以截图。

可以自行添加一些设备，单击图 3.81 中的"添加设备类型"下拉按钮，弹出的菜单如图 3.83 所示，可以快速的在多种设备之间进行切换显示。单击"Edit…"可以自行添加设备类型，如图中的 PC、mobile、华为、宽等不同分辨率的设备。

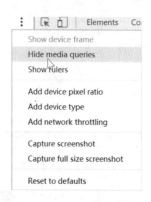

图 3.82　"选项"按钮的弹出菜单

如图 3.83　添加设备类型示意图

任务实现

① Dreamweaver 中，依次打开 ch3-page-002-finish.html 和 ch3-page-002-pos- finish.html 文件，将前一个文件的 div#bj2、div#bj3、div#bj4 用后一个文件的内容进行替换，效果如图 3.84 所示。注意 div 的 id 的修改以及 CSS 样式中相应部分的修改。

图 3.84　替换部分内容的效果图 1

② 继续打开 ch2-page-022-finish.html 文件，替换掉 ch3-page-002-finish.html 文件的 div#bj5 部分。注意 div 的 id 的修改以及 CSS 样式中相应部分的修改，效果如图 3.85 所示。

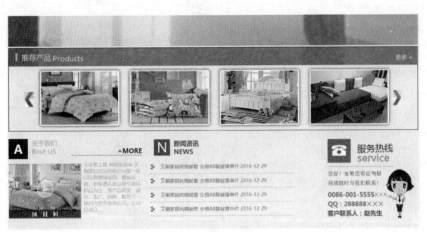

图 3.85　替换部分内容的效果图 2

CSS 样式调整的代码部分如下：

```
#bj5{ margin: 0 0 10px 0;
border:#633 solid 1px;}/*增加的*/
#bj5 div#tupian {
  height: 160px;
  text-align:center;/*增加的*/
}
```

为了更好地在不同终端进行切换，尽量减少不必要的 CSS 样式的改动，遵循自适应布局的"减少固定宽度的设置"的原则，结合移动端的布局效果图，针对当前的结果文档进行了部分元素的宽度的调整（绝对值转换为相对值），结果文件参见素材 mobile-before 文件夹。读者也可以在步骤②完成之后，直接进行下面的步骤，边调整边修改固定宽度的设置。

③ 在<head>标记内添加 viewport 语句，代码如下：

```
<meta name="viewport" content="width=device-width, initial-scale=1.0, maximum-scale=1.0, user-scalable=no">
```

④ 添加辨别不同终端的@media，在</style>前输入如下代码：

```
@media screen and (min-width:1040px) {
    #container {background-color:#FCC;}      }
@media screen and (max-width:630px) {
    #container {
    width: 620px;
    background-color:#996;
    }
}
```

同时设定了移动端的页面宽度为 620px。添加背景颜色是为了测试需要，完成之后可以删除。模拟预览一下此时的效果，如图 3.86 所示。页首部分的布局已经发生了变化，但是向下拖动滚动条，布局发生了很大的变化。通过模拟器可以发现不同尺寸大小时背景颜色的变化，也就是说@media 终端识别已经成功。接下来，开始完成移动端布局的 CSS 样式的调整。

⑤ 导航部分的 HTML 结构发生变化，所以在 div#bj1-right 内增加一段 HTML 代码：

```
        <div id="navmobile"><span>导航</span>
<img src="images/mobile -nav-style.png"/>
</div>
```

在 PC 端的情况下隐藏 div#navmobile；在移动端的情况下隐藏 div#nav。所以在相应的@media 中补充如下的 CSS 代码：

```
@media screen and (min-width:1040px) {
#bj1 #navmobile {
  display: none;
}
}
@media screen and (max-width:630px) {
#bj1 #navmobile {
  display: block;
}
#bj1 #nav {
  display: none;
}}
```

此时移动端网页浏览效果如图 3.87 所示。

⑥ 根据效果图的需求，调整 div#navmobile 的样式，CSS 代码如下：

```
#bj1 #bj1-right {
```

图 3.86　@media 识别移动终端的效果图

```
  float: right;
  padding: 80px 10px 0px 0px;
}
```

此时浏览网页，可见"导航"已经显示在屏幕界面的右端。

⑦ 继续 div#jb2 区域的布局调整，CSS 代码如下：

```
#bj2 #pos11 {
  position: fixed;/*相对于浏览器进行定位*/
  left: 0px;
  top: 0px;
  width: 100%;
  background-image: url(images/index_header-pos.jpg);
  padding: 5px;
}
#bj2 #pos11 #pos1-right {
    float: left; /*通过浮动调整位置关系*/
  margin-left: 4%;
}
#bj2 #pos11 form {
  float: right; /*通过浮动调整位置关系*/
  margin-right: 4%;
}
#bj1 {
  padding-top: 60px; /*解决绝对定位的div#pos11产生的叠加效果*/
}
```

此时浏览网页，效果图如图 3.88 所示。

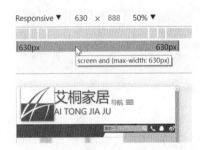

图 3.87　移动端显示不同的导航效果

图 3.88　div#bj2 调整后的效果

⑧ 继续 div#jb3 区域的布局调整，CSS 代码如下：

```
#bj3 #pos3-left form input {
  display: block;
  width: 120%;
  height: 120%;
  margin-top: 10px;
}
#bj3 img {
  width: 100%;
}
```

　　通过上面的设置，"注册""登录"作为"块"，分显示在两行。为了保证宽度的自适应，限制 img 的宽度为 100%，实际上就是与#bj3 一样的宽度。一般情况下，在设置 img 的宽度和高度时，为了更好地切换或者称为自适应，建议设置百分比的宽度和高度单位。

　　⑨ 继续调整 div#bj5 的样式，CSS 代码如下：

```
#bj5 div:first-child img {
  width: 100%
}
#bj5 div {
  float: left;
}
#bj5 #tupian img:first-child, #bj5 #tupian img:last-child {
  display: none;
}
```

　　限制 img 的宽度，注意这里使用了 CSS 的伪类选择符，父容器的第一个和最后一个元素。通过设置 float，限于宽度，会自动换到第二行，继续显示图片。隐藏了图片两侧的箭头，通过 display: none; 实现。此时的效果图如图 3.89 所示。

　　⑩ 继续调整 div#bj6 的样式，由于之前完成的 PC 端，这部分使用的是绝对宽度，在不修改 PC 端效果的情况下，这里分别对左、中、右 3 个区域进行调整。

　　div #bj6-left 部分，调整后的 CSS 代码如下：

```
#bj6 #bj6-left {
  text-align: center;
  width: 96%;
  margin: 0 auto;
  float: none;
}
#bj6 #bj6-left #twhp img {
  width: 80%;
  height: 80%;
  float: none;
  clear: both;
}
#bj6 #bj6-left #twhp .borderl {
  width: 30%;
}
#bj6 #bj6-left #twhp p:last-child span {
  line-height: 30px;
  padding-top: 10px;
  clear: both;
  display: block;
  text-align: left;
}
```

　　"float:none;"取消 PC 端布局中设置的左浮动设置；"clear:both;"产生换行的效果，取消两边设置的浮动；设置宽度为 96%，以及居中的设置；"margin:0 auto;"保证适当的边缘缝隙，此时的效果图如 3.90 所示。

图 3.89　div#bj5 调整后的效果图　　　　图 3.90　div#bj6–left 调整后的效果图

div #bj6–middle 部分，调整后的 CSS 代码如下：

```css
#bj6 #bj6-middle {
  width: 96%;
  margin: 0 auto;
  float: none;
  clear: both;
}
#bj6 #bj6-middle #aside {
  width: 100%;
  margin: 0 auto;
}
#bj6 #bj6-middle #aside ul {
  width: 70%;
  margin: 0 auto;
}
#bj6 #bj6-middle #aside li {
  margin-right: 22%;
}
```

这一部分主要是调整相对宽度，设置居中对齐效果，设置下画线的宽度等内容。

div #bj6–right 部分，调整后的 CSS 代码如下：

```css
#bj6 #bj6-right {
  margin: 6px auto;
  float: none;
  width: 90%;
  clear: both;
  border: #999 1px dashed;
  text-align: center;
}
```

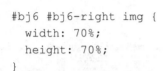
```
#bj6 #bj6-right img {
  width: 70%;
  height: 70%;
}
```

因为这一部分只是一张图片，所以适当调整间距、宽度即可完成。此时的效果图如图 3.91 所示。

⑪ 最后根据最终效果调整 div#bj7 的样式，对应的 CSS 代码如下：

```
#bj7 {
  clear: both;
}
#bj7 p:first-child {
  display: none;
}
```

确保 div#bj7 换行效果，以及隐藏掉部分文字内容。此时可以删除前面给#container 设置的背景颜色，最终完成的文件参考 mobile-end 文件夹。

⑫ 由于是设定了固定宽度，所以在小于这个宽度的浏览器中查看网页时，会出现滚动条。如图 3.92 所示，在模拟浏览器中增加一款手机的尺寸。

图 3.91　div#bj6-right 调整后的效果图

图 3.92　增加一款手机以模拟显示效果

选择这款手机，浏览当前的网页效果，如图 3.93 所示，模拟浏览器中出现了水平滚动条，通过滚动条可以看到完整的页面效果。

单击图 3.93 右上角的"旋转"（Rotate）按钮，将手机横屏，此时的页面显示效果如图 3.94 所示，出现了水平和垂直滚动条，拖动可以看到所有的内容。由于在@media 中没有进行横屏、纵屏的设置，所以默认都是纵屏。

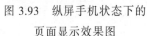

图 3.93　纵屏手机状态下的　　　图 3.94　横屏手机状态下的页面显示效果图

　　　　页面显示效果图

为了便于理解和学习，前面多个任务中制作的例子都是按照固定宽度进行的设置。本任务中移动端的总体宽度设置的也是固定宽度（container 的宽度 620px），但实际上这个网页不能自适应各种屏幕尺寸。通过相对宽度的设置，才能达到更好的页面显示效果，给用户最佳的视觉体验。所以说网页设计前期的需求分析和规划是非常重要的一项工作。

同步训练

移动端页面的二级导航菜单，可以通过单击"导航"后面的图形显示出来，这里最好是纵向菜单，比如定位在屏幕的右边缘，参考 div#bj2 的 CSS 调整方式，实现移动端二级导航的定位显示。单击显示再次单击隐藏，参考后续单元的行为部分介绍，效果如图 3.95 所示。

图 3.95　移动端二级导航的显示

提示：二级导航的 HTML 结构在 div#bj3 区域内，在 PC 端是隐藏的，在移动端设置显示。二级导航的位置以及样式的设置，主要的 CSS 代码如下：

```
#bj3 #nav-second {
    position: absolute;
    top: -20%;
    right: 2%;
    z-index: 100;
}
#bj3 #nav-second ul {
    list-style: none;
    text-align: center;
}
#bj3 #nav-second ul li a {
    color: #fff;
    text-decoration: none;
}
#bj3 #nav-second ul li a:visited {
    color: #fff;
    text-decoration: none;
}
#bj3 #nav-second ul li {
    width: 85px;
    margin:2px 0px 0px 0px;
    height: 39px;
    line-height: 39px;
    background : url(images/nav-second2.png) no-repeat 0 0;
}
```

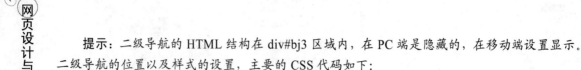 **知识拓展**

根据前面的介绍，网页的布局也分为很多种类型，主要包括：

① 静态布局，当屏幕大小改变时，页面布局不会发生变化，可以通过滚动条方式看到所有的内容。

② 自适应布局，当屏幕大小改变时，页面布局会相应的发生变化，比如 3 个 div 在一行上，当屏幕变小时，最后面的 div 可能换到下一行。

③ 流式布局，当屏幕大小改变时，页面布局没有发生大的变化，内容会进行适当的匹配屏幕大小的调整。一般情况下，不建议使用绝对的宽度。

④ 响应式布局，更高级一些，为不同的屏幕设计不同的布局，可以理解为是结合自适应布局和流程布局的混合方式。

根据客户的需求，上述的布局可进行综合应用，读者可从网上查阅相关资料（http://wow.techbrood.com/fiddle/1753），更进一步了解网页布局的概念。

课后习题

完成其他页面的移动端显示。

单 元 小 结

    本单元主要介绍网页的各种布局技术。首先介绍网页的文档流的概念，这是网页布局的关键概念之一。介绍使用 div+CSS 实现一列布局的网页，基于@media 属性实现多终端网页的自适应显示。然后基于 CSS 的 float 属性，介绍如何实现多列布局的网页及如何解决 float 属性出现的兼容性问题；CSS3 新增的 box-sizing 属性在布局多列网页时的应用技巧；CSS3 的 column-count 属性如何布局分列文本。然后，介绍网页模板的概念以及如何基于网页模板创建网页；介绍如何使用 HTML5 新增的布局标记创建网页；简要介绍了库项目的概念及创建和使用的方法。最后，介绍 CSS 的 position 属性实现网页元素的定位以及网页的多列布局；介绍 Dreamweaver 中的 Spry 构件如何实现 tab 布局及其灵活运用的实例；介绍使用@media、viewport 实现移动端页面的制作，同样的 HTML 结构内容，自适应不同的终端屏幕。

单元

3

网页布局

单元④

→ 网 页 特 效

除了网页元素的美化及合理的布局，用户体验良好的网页还需要一些合理的交互，增强视觉效果的特效，本单元主要介绍如何给网页添加特效。

经过前面的学习，我们知道 HTML 语言定义网页的结构和网页元素，而 CSS 样式表对网页布局和网页元素的样式予以表现，但是 CSS 样式的设置不能伴随着鼠标的操作或键盘的输入/输出、系统时间的改变等情况而动态的显示样式，而这样的动态的、实时的交互功能就是"行为"，通过"行为"可以与网页元素进行交互，产生动态的效果，提高用户的体验。

任务1 从"行为"面板添加网页特效

"行为"就是发生鼠标的操作或者键盘的输入/输出的"事件"时，发生相应的样式的改变等"动作"，而 JavaScript 就是完成这些"动作"的脚本语言。网页中一般包括的特效有验证用户的表单输入、图像的随机切换、滚动等动态显示效果、窗口的广告、窗口的关闭等。

【学习目标】
- 理解网页的交互。
- 理解网页特效。
- 理解"行为"及"行为"面板的使用方式。
- 运用"行为"面板为网页添加交互和特效。
- 了解 JavaScript 语言的功能以及调用方法。

【学习重点与难点】
- 重点：网页交互的概念、"行为"面板的使用。
- 难点："行为"面板中预置行为的使用。

子任务1 网页添加改变背景颜色的特效

效果展示

如图 4.1~图 4.3 所示，使用 Dreamweaver 中"行为"面板的"改变属性"命令，实现用户可选择的设置网页的背景颜色。

图 4.1　添加颜色块后的首页效果

图 4.2　改变背景色的首页效果

图 4.3　欢迎对话框的首页效果

（图标）任务准备

（1）素材的准备

HTML 文件夹下的 ch4-page-001.html 网页文件。

（2）Dreamweaver 中的"行为"面板

前面所提到的一些特效，都是可以通过 JavaScript 等脚本语言来实现，但是 Dreamweaver 中集成的一些功能模块在不需要编写脚本的情况下，就可以实现一些动态功能，而且还可以进行适当的编辑，为没有学习脚本语言的用户提供了一些方便。选择"窗口"→"行为"命令，即可打开"行为"面板，如图 4.4 所示。

① "显示设置事件"按钮：单击该按钮只显示附加到当前文档的那些事件。

② "显示所有事件"按钮：单击该按钮按字母顺序显示属于特定类别的所有事件。一般情况下，在文档中选择了某一个 HTML 标签，就会显示关于那个标签的所有事件。

③ "添加行为"按钮：单击此按钮，则会弹出快捷菜单，如图 4.5 所示。

图 4.4　"行为"面板

图 4.5　添加行为

在这个特定菜单中，包含了可以附加到当前选定元素的动作。从该菜单列表中选择一个动作时，将会出现一个对话框，可以在此对话框中指定该动作的相关参数。

如果该菜单上的某个动作处于"灰显"状态，则说明该动作不能使用。

如果该菜单上的所有动作都处于"灰显"状态，则表示选定的元素无法生成任何事件。选定的元素会在图 4.5 中的"标签"后面显示出来。

④ "删除事件"按钮：单击该按钮，从行为列表中删除所选定的事件和动作，如图 4.6 所示。

⑤ 选择不同的事件：选择一个行为项，单击这个行为左边的事件，则在该事件的旁边出现一个向下的箭头，如图 4.7 所示。

单击向下的箭头出现下拉菜单，可以在该菜单中为该行为选择不同的事件。

⑥ 修改行为参数：选择一个行为项，双击带🔳标记的行为名称，或者先选取它然后按

Enter 键，可以在弹出的窗口中修改这个行为项的参数。

图 4.6　删除事件按钮

图 4.7　不同事件项

⑦ "向上箭头或向下箭头"按钮：在行为列表中上下移动某一事件的选定动作。

当同一事件出现几个行为时，选择其中的一个行为，单击"增加事件值"或者"降低事件值"按钮，可以向上或者向下移动该行为。同一事件的几个行为的排列顺序决定了文档中对象行为的执行顺序。排在上面的先执行，排在下面的后执行。

对于不能在列表中上下移动的行为，箭头按钮将处于禁用状态。

任务实现

① 打开文件 ch4-page-001.html，在第 29 行、导航栏的下面添加三个颜色块，其对应的 HTML 代码如图 4.8 所示。

添加颜色块后的浏览效果如图 4.9 所示。

```
9   <div id="top">
10    <div id="nav">
11     <ul> <l...
29   <img src="../images/col1.jpg">
30   <img src="../images/col2.jpg">
31   <img src="../images/col3.jpg">
```

图 4.8　代码片段

图 4.9　添加颜色块后的首页

② 选中代码视图的第 29 行代码（<img src="../images/col1.jpg">），或者选中设计视图的红色色块，然后在"行为"面板中单击"+"号添加行为，如图 4.10 所示。

选中"行为"面板中的"改变属性"命令，在弹出的对话框中设置参数，如图 4.11 所示。

③ 保存文件，在浏览器中浏览网页，单击红色色块，会发现"mainbody"这个 div 的背景颜色更新为指定的颜色，浏览效果如图 4.12 所示。

图 4.10 "行为"面板

图 4.11 "改变属性"对话框

图 4.12 更新背景色后的首页

④ 为绿色色块和蓝色色块添加类似的操作，绿色色块的背景颜色可设置为"#9CC938"，蓝色色块的背景颜色可设置为"#25C1F1"，完整效果见 ch4-page-001-finish.html 文件。

同步训练

在 ch4-page-001.html 中选中 body 标记，然后在"行为"面板中为这个标记添加"弹出信息"行为，实现打开网站首页，弹出欢迎对话框，文本为"欢迎访问艾桐家居！"，浏览效果如图 4.13 所示，完整效果见 ch4-page-002.html 文件。

图 4.13 欢迎对话框

课后习题

巩固课上所学内容，学习"行为"面板中更多功能的使用，按照如图4.14所示，实现相应的功能：单击不同的颜色块或者"大""中""小"按钮（"按钮"表单项），实现相应属性的改变。完整效果见 ch4-page-004.html 文件。

提示：

部分 HTML 标记：

```
<input type="button" id="colorbtn1"/>
<input type="button" value="大" />
```

改变字体大小的属性设置如图4.15所示。

图 4.14 "改变属性"效果图　　　图 4.15 改变字体大小的"改变属性"对话框

子任务2　网页添加图像切换特效

效果展示

如图4.16~图4.17所示，使用"行为"面板中的"交换图像"命令，实现网页中图像的切换效果。

图 4.16 交换图像前的效果

图 4.17 交换图像后的效果

任务准备

素材的准备：html 文件夹下的 ch4-page-001.html 网页文件。

🖥️ **任务实现**

① 打开文件 ch4-page-001.html，选中代码视图中第 58 行的 image（"<img src="../images/indexP2.jpg">"），或者选中设计视图中"推荐产品"中的第二幅图片，然后选择"行为"面板中的"交换图像"命令，对话框中的参数设置如图 4.18 所示。

图 4.18 "交换图像"对话框

② 保存文件，在浏览器中浏览网页，当鼠标指针悬停在第二幅图片上时，会更换为另一幅图像，鼠标指针滑开时恢复为原来的图像。交换图像前和交换图像后的浏览效果如图 4.19 和图 4.20 所示，完整效果见 ch4-page-003.html 文件。

图 4.19 交换图像前效果

图 4.20 交换图像后效果

📖 **同步训练**

① 为"推荐产品"中的第一幅图片创建交换图像 indexP2.jpg，交换图像后的浏览效果如图 4.21 所示，完整效果见 ch4-page-003-finish.html 文件。

图 4.21 交换图像后的效果

注意：由于 indexP1.jpg 和 indexP2.jpg 图像宽度不一致，交换图像时页面会略微抖动。

② 根据如图 4.22~图 4.23 所示的效果，为图像添加"缩放"行为的特效。

图 4.22 添加"缩放"行为之前的效果　　　图 4.23 添加"缩放"行为之后的效果

提示：

① HTML 代码如下：

<div id="interchangeimg" ><img src="images/IMG_4048.jpg" id="imgleft"></div>

② 添加行为，设置参数的对话框如图 4.24 所示。

③ 改变默认的鼠标单击事件为鼠标经过事件，如图 4.25 所示。

图 4.24 设置"缩放"效果的参数　　　　图 4.25 改变鼠标事件

完整效果见 ch4-page-004.html 网页文件。

知识拓展

（1）JavaScript 脚本

JavaScript 是一种脚本语言，可以实现网页中所需求的动画效果以及与客户端用户的交互，由浏览器负责解释执行，主要实现的功能包括动态的修改页面内容、表现样式、元素位置大小等功能。HTML5 标准的出现，强化了 JavaScript 脚本的功能，如可以实现 canvas 绘图功能、本地存储、客户端通信等。

从前面的任务中，可见"行为"面板中添加的行为，实际上在 HTML 文档中是转换成一些代码，这些代码就是 JavaScript 脚本编写的。如图 4.11 在相应的添加改变属性的 img 标记时，代码如下：

```
<img   src="../images/col2.jpg"   onClick="MM_changeProp('mainbody','',
'backgroundColor','#9CC938','DIV')">
```

其中，MM_changeProp()函数在当前文档的<head>标记对中的<script>标记对中定义：

```
<script type="text/javascript">
function MM_changeProp(objId,x,theProp,theValue) { …/*这里的脚本省略*/
}
</script>
```

HTML 的元素添加行为都是通过 JavaScript 脚本添加的，类似于 CSS 样式，先定义功能（函数），然后调用功能（函数）。

（2）HTML 中引用外部的 JavaScript 脚本

行为是集成在 Dreamweaver 中的一些 JavaScript 功能模块，可以直接调用。除了这些集成的功能模块，JavaScript 脚本还可以实现很多很强大的功能。编写好的 JavaScript 脚本保存在扩展名为.js 的文件中，HTML 文档通过引用 js 文件，保证 HTML 中的元素可以使用这些脚本功能。引用外部 js 文件的方法：

```
<script type="text/javascript" src="test.js"></script>
```

然后通过 HTML 元素的相关属性（onclick、onmouseover、onmouseout 等）调用外部文件中的函数，得到所需的交互（动态）效果。

JavaScript 还可以实现很多优秀的网页特效，限于本书的内容体系，JavaScript 不做详细的介绍，读者可参考相关的资料。

📝 **课后习题**

学习"行为"面板中更多的内容。

任务 2　通过 CSS3 属性添加网页特效

CSS3 新增了变形（transform）、动画（animation）以及过渡（transition）属性，这些属性可以实现一些以前只有 JavaScript 脚本才能实现的特效。

【学习目标】

- 理解网页特效。
- 掌握 transition 属性的属性值及其含义。
- 掌握 animation 属性的属性值及其含义。
- 运用 CSS3 新增的属性实现网页特效。

【学习重点与难点】

- 重点：CSS3 的 animation、transition 属性的使用。
- 难点：CSS3 的 animation、transition 属性的使用。

子任务 1　使用 transition 属性创建动画

🖥 **效果展示**

如图 4.26 和图 4.27 所示，是使用 CSS3 的 transition 属性实现的动画效果图。

图 4.26　过渡动画效果图 1

图 4.27　过渡动画效果图 2

任务准备

（1）素材的准备

图片文件，ch4-page-005.html，ch4-page-006.html。

（2）transition 属性

transition 属性可以控制 HTML 元素的某个属性发生改变时需要的时间以及变化的方式，由此产生了 transition 动画效果，并且还可以给某个元素同时指定多个属性的改变。比如，鼠标经过图片时，可以实现图片的宽度的改变，或者同时实现图片的旋转和宽度的改变。

transition 是一个复合属性，包括 transition-property、transition-duration、transition-timing-function、transition-delay 这 4 个子属性。通过这 4 个子属性的配合来完成一个完整的过渡效果，格式如下：

```
transition: <transition-property> || <transition-duration> || <transition-timing-function> || <transition-delay>
```

transition-property: 过渡属性，默认值为 all。

transition-duration: 过渡持续时间，单位是 s 或者 ms，默认值为 0s，为 0s 时，没有效果，不能为负值。

transition-timing-function: 过渡效果的时间曲线，非匀速变化，默认值为 ease 函数（开始和结束的时候慢，中间快），有 3 种取值：steps 函数、bezier 函数以及关键字（ease、linear、ease-in、ease-out 等等）。

transition-delay: 过渡延迟时间，也就是属性过渡的开始时间，单位是 s 或者 ms，默认值为 0s。

（3）可以过渡的 CSS 样式值

不是所有的 CSS 样式值都可以过渡，只有具有中间值的属性才具备过渡效果，如颜色（color、background-color 等）、位置（background-position、left、right、top、bottom）、长度（height、width、border-width、margin、paddingg、font-size、line-height）、数字（opacity、z-index、font-weight）以及一些复合属性 text-shadow、transform 等。

（4）触发方式

transition 属性的触发有 3 种方式，分别是伪类触发、媒体查询触发和 JavaScript 触发。其中常用伪类触发包括 hover、:focus、:active 等。

任务实现

① 打开文件 ch4-page-005.html，首先，div#img1 内的 img 进行透明度属性设置过渡动画，代码如下：

```
#img1 img {
  opacity: 1;
  -webkit-transition: opacity 4s linear;
}
#img1 img:hover {
  opacity: 0.4;
}
```

正常状态下，透明度为 1，鼠标经过状态下，透明度为 0.4，然后设置过渡属性的持续时间为 4 s，以线性速度 linear 进行过渡。过渡动画产生前后对比效果图如图 4.28 和图 4.29 所示。

图 4.28　正常状态下的效果图

图 4.29　过渡属性设置后的效果图

② 进行 div#img2 内 img 属性的过渡设置，代码如下：

```
#img2 img {
  -webkit-transform: rotate(360deg);
  -webkit-transition: border-radius 2s linear;
  -webkit-transition: transform 2s ease;
}
#img2 img:hover {
  -webkit-transform: rotate(-45deg);
  -webkit-border-radius: 40px;
  border-radius: 40px;
}
```

同一个元素，可以同时进行两种属性的过渡设置，如圆角变宽和旋转变换，持续时间为 2 s，过渡的速度采取 ease，效果如图 4.30 所示。

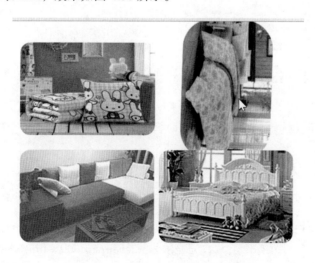

图 4.30　采用"ease"的过渡效果图

③ 同时进行 div#img3 内 img 透明度和缩放属性的过渡设置，代码如下：

```
#img3 {
  -webkit-transform: scale(1,1);
  -webkit-transition: transform 2s ease-out;
  opacity: 0.6;
  -webkit-transition: opacity 2s linear;
}
#img3:hover {
  -webkit-transform: scale(1.2,1.2);
  opacity: 1;
}
```

进行缩放设置时，注意变换的中心点模式是元素的中心点，效果图如图 4.31 所示。

图 4.31　两个属性同时过渡的效果图

④ 同时进行 div#img4 内 img 过渡属性设置，依次产生动画效果，代码如下：

```
#img4 img {
  -webkit-transform: rotate(360deg) scale(1,1);
  -webkit-transition: transform 3s ease-in;
}
#img4 img:hover {
  -webkit-transform: rotate(-360deg) scale(1.3,1.3);
}
#img4 {
  -webkit-transition: left 2s linear,right 2s linear;
}
#img4:hover {
  top: 220px;
  left: 260px;
}
```

同时设置多个属性，可以简写在一行内，如 −webkit−transition: left 2s linear,right 2s linear;，效果如图 4.32 和图 4.33 所示，完整效果见 ch4−page−005−finish.html 文件。

图 4.32　过渡动画过程效果图

图 4.33　过渡动画最终状态效果图

同步训练

打开 ch4-page-006.html 文件，为图像设置宽度、高度以及背景颜色的过渡动画，如图 4.34 所示为原图，图 4.35 所示为过渡动画之后的效果图，完整效果见 ch4-page-006-finish.html 文件。

图 4.34　过渡动画属性设置之前的效果图

图 4.35　过渡动画属性设置之后的效果图

提示：过渡时间为 4 s，背景颜色的过渡时间曲线选择 linear、宽度的过渡时间曲线选择 ease-in、高度的过渡时间曲线选择 ease-out。过渡动画的最终状态属性值是背景颜色为黄色、宽度为 400px、高度为 400px。

知识拓展

（1）过渡时间函数的具体含义

贝塞尔曲线通过 p0-p3 四个控制点来控制，其中 p0 表示(0,0)，代表属性还没有开始改变，p3 表示(1,1)，代表属性已经改变完成，另外两个点是相互分离的中间点。图 4.36 所示是贝塞尔曲线示意图。

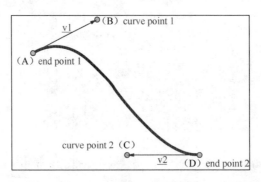

图 4.36　贝塞尔曲线示意图

\<transition-timing-function\>是通过确定 p1(x1,y1)和 p2(x2,y2)的值来确定的，格式如下：

```
transition-timing-function: cubic-bezier(x1,y1,x2,y2);
```

x1,y1,x2,y2 都是 0~1 的值（包括 0 和 1）。

更多的取值，可通过 http://cubic-bezier.com/#.25,.1,.25,1 了解 bezier 取不同值时，过渡的变化方式。

（2）关键字是 bezier 函数的特殊值

ease: 开始和结束慢，中间快。相当于 cubic-bezier(0.25,0.1,0.25,1)。

linear: 匀速。相当于 cubic-bezier(0,0,1,1)。

ease-in: 开始慢。相当于 cubic-bezier(0.42,0,1,1)。

ease-out: 结束慢。相当于 cubic-bezier(0,0,0.58,1)。

ease-in-out: 与 ease 类似，但比 ease 幅度大。相当于 cubic-bezier(0.42,0,0.58,1)。

课后习题

使用 transition 属性完成任务 1 中的改变字体大小属性的过渡。

子任务 2　使用 animation 属性创建动画

效果展示

如图 4.37 和图 4.38 所示，是使用 CSS3 的 animation 属性实现二级导航的动画前后效果对比图。

图 4.37　动画之前的状态效果图　　　　图 4.38　鼠标经过之后的中间状态效果图

任务准备

（1）素材的准备

图片文件，ch4-page-9.html 网页文件。

（2）animation 属性

animation 属性只能应用在 HTML 中静态存在的元素上，好处是可以省去复杂的 JS、jQuery
代码，但是动画的效果还不能与 JS、jQuery 进行媲美。

（3）定义动画的关键帧：@keyframes

animation 属性制作动画，也有一个关键帧的概念，CSS3 中由 keyframes 这个属性来实现。
keyframes 的语法规则如下：

```
@keyframes animation-name {
  0% {/*动画的开始*/
    properties:properties-value;
  }
  percentage {
    properties:properties-value;
  }
  100% {/*动画的结束*/
    properties:properties-value;
  }
}
```

animation-name 是自定义的动画名称，花括号 "{}" 中定义不同时间段的属性，时间段通
过 percent 的方式给出，范围从 0%（from）到 100%（to），由此产生属性不断变化的动画效
果。例如，定义位置和背景颜色改变的动画的代码如下：

```
@-webkit-keyframes 'myadver' {
  0% {
    left: 60px;
    background-color: green;
  }
  30% {
    left: 100px;
```

单元 4　网页特效

```
      background-color: orange;
   }
   70% {
      left:80px;
      background-color: blue;
   }
   100% {
      left: 60px;
      background-color: red;
   }
}
```

（4）animation 属性

animation-name:用来指定元素使用的动画名称，这个名称是由@keyframes 创建的动画名；none 为默认值，此时没有任何动画效果。一个元素可以同时设置多个动画名称，用逗号","隔开。

animation-duration：用来指定元素播放动画所持续的时间，取值为数值，单位为 s（秒）其默认值为"0"。

animation-timing-function：指元素根据时间的推进来改变属性值的变换速率，说得简单点就是动画的播放方式。具有 6 种变换方式：ease、ease-in、ease-in-out、linear、cubic-bezier，可参见 transition-timing-function 的使用方法。

animation-delay：用来指定元素动画开始时间。取值为数值，单位为 s（秒），其默认值也是 0。

animation-iteration-count：用来指定元素播放动画的循环次数，可以取值<number>为数字，其默认值为"1"；也可以取值 infinite 为无限次数循环。

animation-direction：用来指定元素动画播放的方向，只有两个值，默认值为 normal，动画的每次循环都是向前播放；或者取值 alternate，动画播放在第偶数次向前播放，第奇数次向反方向播放。

animation 是一个复合属性，指定的属性的顺序是按照上面的介绍顺序。

（5）调用动画：animation 属性

不需要任何的触发事件，伴随着时间的变化来改变元素 CSS 的属性值，从而达到一种动画的效果。需要产生动画的元素直接调用 animation 属性即可。如 HTML 中 div#adver 元素使用前面定义好的动画，代码如下：

```
div#adver {
   width: 100px;
   height: 100px;
   position: absolute;
   top: 50px;
   left: 60px;
   background: blue;
   -webkit-animation-name: 'myadver';/*@keyframes 定义的动画名*/
   -webkit-animation-duration: 10s;/*动画持续时间*/
   -webkit-animation-timing-function: ease-in-out; /*动画频率*/
```

```
-webkit-animation-delay: 2s;/*动画延迟时间*/
-webkit-animation-iteration-count: 10;/*定义循环资料,infinite 为无限次*/
-webkit-animation-direction: alternate;/*定义动画方式*/}
}
```

任务实现

① 打开文件 ch4-page-009.html，首先在<style>标记对中定义动画，代码如下：

```
@-webkit-keyframes 'daohang' {
 0% {
 -webkit-transform: scale(1);
color: #eee;
 border-radius : 10px;
 }
 40% {
 -webkit-transform: scale(1.5);
 color: #bbb;
 border-radius : 16px;
 }
 100% {
 -webkit-transform: scale(1);
 color: #eee;
 border-radius : 10px;
 }
 }
```

动画有 3 个状态：开始，40%，结束。每个状态发生导航字体颜色的改变、缩放变换以及圆角大小的改变，定义的动画的名称为 daohang。

② 设置所有的超链接标记<a>在鼠标经过时使用这个属性，代码如下：

```
div>a:hover {
  /* 指定动画 */
  -webkit-animation-name: 'daohang';
  /* 指定动画的执行时间 */
  -webkit-animation-duration: 3s;
  /* 指定动画的循环次数为 3 */
  -webkit-animation-iteration-count:3;
}
```

这里指定动画的持续时间是 3 秒钟，循环次数为 3 次。效果如图 4.39 所示。

③ 一个元素可以使用多个动画的定义，假设再定义一个透明度变化的动画，代码如下：

```
@-webkit-keyframes 'myopacity' {
 from {    opacity:1;    }
 50% {    opacity:0.5;    }
 to {   opacity:1;      }
 }
```

然后设定超链接使用这个属性，只要将 div>a:hover {}中的–webkit-animation-name: 'daohang';修改为–webkit-animation-name: 'daohang','myopacity';即可。

预览此时的网页，效果图如图 4.40 所示。完整效果见 ch4-page-009-finish.html 文件。

单元 4 网页特效

图 4.39　动画的结束状态的效果图　　　　图 4.40　动画添加透明度属性变化的效果图

同步训练

打开 ch4-page-10.html 文件，将子任务 1 中的 transition 变化，通过定义动画，转换为动画 animation 属性完成的动画形式，效果图如图 4.41~图 4.43 所示。完整效果见 ch4-page-10-finish.html 文件。左上角动画调用动画名称是 imgopacity，触发是鼠标经过时。右上角和左下角图片调用动画名称是 imground，触发是鼠标经过时。右下角图片调用动画名称是 imground，不需要触发条件，随着时间的推进会自动调用。动画的属性代码如下：

```
-webkit-border-radius: 35px;
border-radius: 35px;
-webkit-animation-name: 'imground'; /或者'imgopacity'*/
-webkit-animation-duration: 30s;
-webkit-animation-timing-function: ease;
-webkit-animation-iteration-count: 10;
```

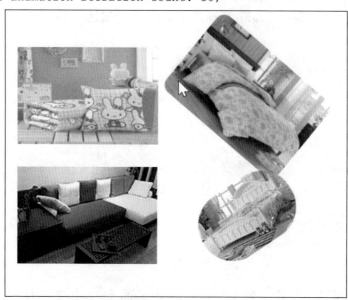

图 4.41　鼠标经过右上角图片的动画效果图

图 4.42　鼠标经过左下角图片的效果图

图 4.43　鼠标经过左上角图片的效果图

动画名称 imground 的定义：

```
@-webkit-keyframes 'imground' {
 from {
 -webkit-transform: rotate(36deg) scale(1,1);
 -webkit-border-radius: 10px;    }
 10% {
 -webkit-transform: rotate(72deg) scale(1.2,1.2);
 -webkit-border-radius: 15px;    }
 20% {
 -webkit-transform: rotate(108deg) scale(1.4,1.4);
 -webkit-border-radius: 20px;    }
 30% {
 -webkit-transform: rotate(144deg) scale(1.6,1.6);
 -webkit-border-radius: 25px;    }
```

```
40% {
-webkit-transform: rotate(180deg) scale(1.6,1.6);
-webkit-border-radius: 30px;      }
50% {
-webkit-transform: rotate(216deg) scale(1.7,1.7);
-webkit-border-radius: 35px;      }
60% {
-webkit-transform: rotate(252deg) scale(2,2);
-webkit-border-radius: 40px;      }
70% {
-webkit-transform: rotate(288deg) scale(0.8,0.8);
-webkit-border-radius: 45px;      }
80% {
-webkit-transform: rotate(324deg) scale(0.7,0.7);
-webkit-border-radius: 50px;      }
to {
-webkit-transform: rotate(360deg) scale(1,1);
-webkit-border-radius: 55px;      }
}
```

动画名称 imgopacity 的定义：

```
@-webkit-keyframes 'imgopacity' {
 from {      opacity:1;      }
  40% {      opacity:0.8;      }
  60% {      opacity:0.5;      }
    to{      opacity:1;      }
}
```

知识拓展

（1）CSS3 动画库

使用 CSS3 制作动画，可以设计出很多酷炫的动画效果。目前市场上具有很多 CSS3 动画库，如 animate.css、effect.css 等。动画库都是以 CSS 文件的形式保存，所以使用起来也比较简单。

以 animation.css 为例，某个 div 元素添加动画的步骤如下：

① 引入 animate.css 文件。

```
<head>
  <link rel="stylesheet" href="animate.min.css">
</head>
```

② 添加选定的动画样式。

```
<div class="animated pulse"></div>
```

animated 是必须添加的，pulse 是指定的样式名。

更多内容可参考 https://daneden.github.io/animate.css/。

（2）canvas 制作动画

HTML5 新增了 <canvas> 标记，用来定义图形，如图表和其他图，但<canvas>只是图形容器，使用 JavaScript 脚本来绘制图形。使用 canvas 的 api 制作动画效果也很好，在浏览器中运行很流畅，如制作 HTML5 游戏。由于这部分也要涉及 JavaScript 脚本编程的知识，不在本书的介绍范围内。读者可查阅相关资料，学习使用 canvas 制作动画。

课后习题

使用 animation 属性制作更多的按钮（菜单）效果。

单 元 小 结

本单元主要介绍如何创建网页特效，包括交互行为、动画等。首先介绍行为的基本概念，"行为"面板的使用，使用"行为"面板实现网页背景颜色改变、弹出框、图像切换以及缩放等网页特效。接着介绍 CSS3 新增的 transition 属性、animation 属性的含义及其属性值，介绍了通过这些新的属性实现图像属性过渡动画、二级导航菜单动态特效、图像属性的关键帧动画。最后简要介绍了 CSS3 动画库、canvas 创建动画的基础知识。

单元⑤

➡ 网站整合与发布

根据单元 1 的内容，网站的设计与制作分为策划分析、设计、制作或开发、测试及发布等环节。限于课时所限，一般将策划、设计（原型设计、效果图制作）环节在相应的 Web 实践课程中学习。通过前面的学习，网页的制作环节也已经完成，本单元主要讲解网站的检测以及发布。

【学习目标】
- 理解域名和空间的申请。
- 掌握通过 FTP 方式进行站点文件的上传。
- 运用 Dreamweaver 中的检测工具进行站点文件的检测。

【学习重点与难点】
- 重点：站点文件的检测、域名和空间的申请和使用。
- 难点：站点的上传和发布。

任务 1 检测网站——超链接检测

站点内所有的网页建好后，进行发布之前，需要进行所有的链接测试，以保证链接的正确性。本任务主要讲解 Dreamweaver 中提供的链接检测功能。

效果展示

如图 5.1 所示，使用 Dreamweaver 中"浏览器兼容性检查""超链接检测"等工具实现网页的兼容性以及超链接检测，以保证在发布之前网站是正常运行的。

图 5.1 浏览器兼容性面板图

任务准备

网页链接测试可以选用专门的检测软件，如 Xenu Link Sleuth 软件。专门的检测软件功能一般比较强，而且操作也比较简单，比如可以检测出所有的死链接包括图片链接，并用红色字体标示出来便于用户检查改正。

Dreamweaver 中也提供了超链接检测功能。

任务实现

① 在 Dreamweaver 中打开站点，这里打开的是前面创建网页模板时创建的站点。

② 选择"窗口"→"结果"→"浏览器兼容性检测"命令，打开"浏览器兼容性检测"面板（见图 5.1），单击左上角的小三角按钮，可以进行浏览器兼容性检测。

③ 在弹出的菜单中选择"检查浏览器兼容性"命令，得到如图 5.2 所示的结果。

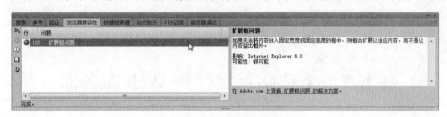

图 5.2　浏览器兼容性检测结果

④ 继续完成链接检测，"链接检查器"面板和"浏览器兼容性"面板在一组中。同样单击左上角的小三角按钮，选择要进行的链接检查，如图 5.3 所示。

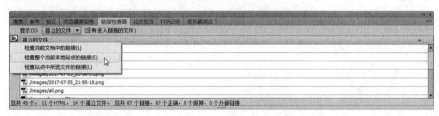

图 5.3　选择要进行哪种类型的链接检查

⑤ 选择"检查整个当前本地站点的链接"命令，得到相应的一些结果。然后可以根据客户的需求，显示哪种类型的链接，如图 5.4 所示，这里选择"孤立的文件"。

图 5.4　选择"孤立的文件"检测结果

对于孤立的文件或者断掉的链接，可以直接在显示列表中选择，然后进行更改。

同步训练

在 Dreamweaver 中，使用"命令"→"清理 HTML"命令，可以清理一些空标记，或者使用"命令"→"清理 Word 生成的 HTML"命令，清除一些多余的标记，尽可能地减少错误，提高用户体验度。如图 5.5 所示是清理 HTML 时可以进行的一些设置。

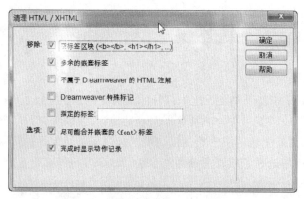

图 5.5　"清理 HTML/XHTML"对话框

任务 2　上传站点文件到 Web 服务器

完成检测以后的网站，如果需要发布在 Internet 中，就需要将整个网站文件放在 Web 服务器中。本任务主要讲解如何上传网站文件到 Web 服务器、如何申请域名和发布自己的网站。

效果展示

如图 5.6 所示，使用 FTP 客户端软件实现站点文件的上传，通过远程服务器实现网站的发布和浏览。

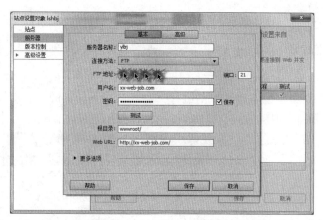

图 5.6　添加远程服务器效果图

任务准备

（1）域名的概念

域名是企业、机构或个人的网络标识，实际上就是在 Internet 中的地址，主要的域名有.com、.net、.org 等。

（2）空间的概念

有了域名，还需要一个空间来保存站点文件，可以放在自己的 Web 服务器上，也可以申请一些专门机构提供的空间，这个空间又称为虚拟主机。一般情况下，是通过 FTP 服务器的方式将自己的站点文件上传到"遥远"的虚拟主机中，实际上就是网站的发布。

（3）域名和空间的申请

在网页浏览章节，讲过如何搭建本地的测试服务器进行网页的浏览，测试完毕之后，需要申请可以在互联网上显示网页的域名和空间，这样才能让更多的用户查看到网站，而不仅仅局限于本地或局域网的访问。在相应的机构可提出申请免费的域名和空间。

任务实现

① 打开 Dreamweaver，站点管理中提供了上传文件到远程 Web 服务器的设置。首先建立站点，站点名称为 lshbj；本地站点根文件夹为 D:\lshbj\，然后添加远程服务器，如图 5.6 所示。

不同于本地测试服务器的设置，这里使用 FTP 的连接方法，将本地的站点文件夹上传到远端，实际上就是已经申请成功的空间（虚拟主机）中。可以单击"测试"按钮，查看是否正确连接。注意虚拟主机的根目录和本地站点的根文件夹是不一定保持一致的。

② 保存之后，勾选"远程服务器"和"测试服务器"复选框。

③ 基于当前站点，建立一个 mytest.html 网页文件，按 F12 键，此时会自动将文件上传到空间，如图 5.7 所示。

图 5.7　文件正在上传到空间中

④ 上传成功之后，浏览器中的显示效果如图 5.8 所示。

⑤ 可以在"站点"面板中直接选择要上传的文件，单击"上传"按钮，即可实现文件的上传，如图 5.9 所示。

图 5.8　测试文件在远程空间中正常显示

图 5.9　向远程站点上传文件

同步训练

下载一个 FTP 服务器，学习如何将本地的站点文件夹上传到远程主机中。安装好 FTP 服务器之后，一般是要先创建一个到远程主机的链接，然后定位到远程主机的根目录，接着就可以将本地的站点文件拖动到根目录中，如图 5.10 所示。

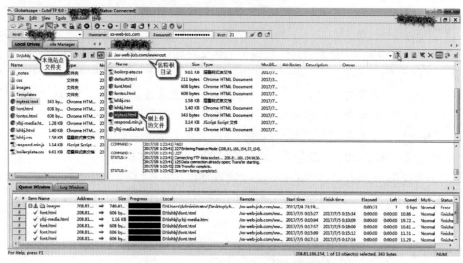

图 5.10　CuteFTP 服务器上传文件到远程站点

知识拓展

（1）网站的宣传与推广

一般情况下，可以通过多种方式对自己的网站进行宣传，如广告交换、网络广告、搜索引擎、友情链接等。

（2）网站的维护

对于一个网站来说，制作、发布等环节都顺利完成的情况下，实际上工作还没有完全结束，更重要的一部分工作是网站的维护，如内容的更新、站点的管理、网站的宣传、网站的布局更新等工作。

课后习题

通过前面的学习，整合自己的站点，尝试申请一个免费的空间，并发布自己的站点，让更多的人看到自己的作品。

单 元 小 结

本单元主要介绍网站的测试及发布，首先介绍在 Dreamweaver 可视化工具中实现站点文件的浏览器兼容性测试、超链接测试，接着针对测试完成的网页文件，介绍通过 FTP 客户端软件上传到 Web 服务器中，发布完成之后，通过标准的 URL 地址访问网站文件。

➡ 浏览器兼容性问题

对于初学者，制作网页的过程中，经常出现的问题是按照网页设计原型制作的网页，在不同的浏览器中总显示不一样的效果，一种原因是浏览器的差异性决定的，另外一种原因是网页制作者制作过程中的不严谨性造成的。前面各单元中根据需要涉及的兼容性问题已经有所说明，这里再列出一些由于浏览器的差异性而出现的兼容性问题。

1．Html 块标记默认的 margin 和 padding

不同浏览器的默认值有差异，解决的办法是添加通配符*样式，语法格式如下：

```
*{margin:0;padding:0;}
```

2．margin 值显示的比设置的大

当 HTML 块标记设置 float 属性+水平方向的 margin 值，解决方法如下：

① 设置 float 属性的同时，再设置 display:inline;属性。

② 如果是设置了 display:block;的行标记出现这种情况，就要继续再设置 display:table;

3．图片默认有间距

若干个<img>标记并列显示时，因为该标记是行标记，默认显示在一行上，但部分浏览器会在<img>标记中间出现间距，解决的方法是使用 float 属性来设置<img>标记。

4．min-height 属性

个别时候会出现不兼容的情况，因为这个属性本身就是不兼容的 CSS 属性。解决方法如下：

```
div{
min-height:400px;
 height:auto !important;
 height:400px;
 overflow:visible;}
```

另外，max-height 等都存在类似的问题。

5．3px 的外边距

IE 浏览器中，如下的 HTML 代码和 CSS 代码中，出现的问题是右边对象内的文本会离左边有 3px 的间距，通过负边距值得以解决。不过 margin 设置负值也会存在问题，所以在设计时要注意 html 标记和 CSS 样式的合理性，尽量设置全面。

HTML 标记如下：

```
<div id="box">
   <div id="left"></div>
   <div id="right"></div>
 </div>
```

CSS 样式如下：

```
#box{ float:left; width:800px;}
#left{ float:left; width:50%;}
#right{ width:50%;}
*html #left{ margin-right:-3px; //解决兼容性的关键}
```

6．CSS3 和 HTML5 兼容性

尽管 CSS3 和 HTML5 的 W3C 规范还不是最终的标准版本，但目前主流的浏览器基本上都支持 CSS3 和 HTML5，只是各自的支持特性稍有差别，可以通过浏览器前缀解决问题。在制作网页之前，在使用较新的属性时，面对可能的浏览器用户，注意解决兼容性问题，尤其是 CSS3、HTML5 增加的一些新的功能。如 CSS3 新增的 transform 属性，浏览器的支持情况如图 A-1 所示。

图 A-1　不同浏览器对于 transform 属性的支持情况

其中，Internet Explorer 10 和 Firefox 支持 3D 转换；Chrome 和 Safari 需要前缀 -webkit- 才能支持；Opera 不支持 3D 转换（只支持 2D 转换）。

7．重置样式表

前面讲过 CSS 的样式重叠之后，会存在一个优先级的问题，但这也是导致浏览器兼容性的一个主要方面。一般情况下，有 5 种类型的 CSS 样式表，分别是浏览器默认样式表、用户在浏览器中自定义的样式表、HTML 文件中使用的内部样式表、HTML 文件中使用的外部 CSS 样式文件以及 HTML 标记行内使用的行内样式。为了解决兼容性问题，很多网站采用的方法是直接重置浏览器默认的 CSS 样式，以保证不同的浏览器显示同样的效果。目前网络上有很多重置样式表文件，读者可根据自己的需要下载使用。

另外，JavaScript 判断不同的浏览器类型以调用不同的 CSS 的方法也经常被采用。

一个质量很高的网站，用户的体验很好，方便查找信息，兼容性也很好。前面的任务中都是介绍如何使用 HTML 标记、CSS 样式等制作网页，在此简要介绍如何提升网站质量。

1. Web 标准

HTML 标准，虽然现在 HTML5 还未成为标准，但已是大势所趋，建议在制作网页时尽量选择最新的标准。

CSS 标准，使用层叠样式表（CSS）将内容与样式分离，便于样式的维护，提高下载速度，并且使得网页代码更具有可读性，主流浏览器都支持 CSS2 版本，但还是建议能使用 CSS3 的情况下，尽量使用 CSS3。

使用 Web 验证，可以保证网页是符合 Web 标准的，也是提高网页质量的一种有效方法。Web 验证工具是一种软件程序，网址为 http://validator.w3.org。

2. HTML 标记

<!DOCTYPE> 是文档类型声明，不是 HTML 标记，只是指示 Web 浏览器关于页面使用哪个 HTML 版本进行编写的指令，为浏览器提供重要的信息以便其更快速一致地呈现页面。所有的 HTML 页面都应当使用。

<!DOCTYPE> 声明必须是 HTML 文档的第一行，位于 <html> 标签之前。不同的 HTML 版本，文档类型声明不一样，HTML5 的文档类型声明如下：

```
<!DOCTYPE html>
```

<title> 元素是最重要的 HTML 元素之一，主要用来描述网页的内容。虽然不是网页内容的一个可见部分，但它会出现在搜索引擎列表、窗口的标题栏、用户的收藏等地方，对于提升网站的品质仍然是很重要的。注意标题要简明扼要，并且具有可描述性，保证与网页内容的一致性，便于搜索引擎的搜索。

<h1>元素用来描述网页中最上层的标题，可以帮助搜索引擎"理解"网页结构，这一点非常重要。

3. CSS 样式

为了网页有更好的兼容性，应该尽量使用 CSS 来设置 HTML 标记的样式，而不是使用 HTML 标记自身的属性或者一些用来表现的 HTML 标记。比如：为了兼容不同的终端，尽量在制作时设置相对的尺寸值，如百分比等；不使用已经不被新标准支持的一些标记，如 font、big、center 等；还比如在颜色的使用上，不宜设置很多的 CSS 颜色样式，同一个网站尽量保证颜色设置的统一，不论前端页面的字体颜色还是背景颜色。

4. 用户体验

良好的用户体验是目前网站品质关键的一个部分。

网页中的文字还起着非常重要的作用，所以正确使用字体以及网页中颜色的设置能保证网站更加具有可读性，如字体之间的间距、行与行之间的间距、字体的样式（加粗、斜体、下画线等）的选择以及颜色的对比性等方面。

针对不同的终端用户，能提供个性化的需求，可使网站更加实用，如提供可以调节字体大小的功能；给所有的图片添加 alt 属性；随时可见的导航栏；不同的终端自适应的页面显示；页面的超链接层次不宜过多等。

5. 国际性

Internet 中是没有国家之间的区分的，所以网站的品质还体现在网页的语言使用和时间的表达方式等方面。在字符集的选择方面，建议明确使用如下标记设置字符集，一般使用<meta charset="utf-8">；还有就是在时间的格式上，使用国际标准化（ISO）的时间格式："yyyy-mm-dd"，yyyy 是年，mm 是月，dd 是日。

6. 移动端网页的设计

相比于 PC 端，移动端的网页在设计和制作时还有一些特殊性，为了让用户在移动端访问网页具有极佳的用户体验，可从以下几个方面加以考虑：

① PC 端的页面要有适配于移动端页面的布局，比如不要有水平滚动条，导航在醒目的位置，而且适配的页面在字体大小、图片大小、图片质量等方面都要适合移动端屏幕。

② 按钮的大小适合于操作，位置容易查找，按钮之间的距离合理性的控制以减少周边干扰操作的因素。网络上可以查到一些主流的移动端分辨率图标、按钮等的最优的设计尺寸。据 MIT 触击实验室研究，人们手指头的平均大小在 10~14 mm 之间，手指尖的平均大小在 8~10 mm 之间，所以 最佳最小的图标尺寸是 10×10 mm。

③ 导航条目不宜过多，要具备链接页面之间的返回功能的导航图标。搜索栏的位置一定要醒目，方便用户更便捷地找到想查找的东西。但应尽量减少用户在不同页面之间的切换。

④ 移动端的一些特殊功能的图片，要提供可放大图片的功能，如双击或单击"放大"按钮可放大图片。